新手爸妈育儿新主张

薛亦男 编著

中国轻工业出版社

图书在版编目（CIP）数据

新手爸妈育儿新主张 / 薛亦男编著. — 北京 : 中国轻工业出版社, 2019.1

ISBN 978-7-5184-2150-3

Ⅰ. ①新… Ⅱ. ①薛… Ⅲ. ①婴幼儿—哺育 Ⅳ. ①TS976.31

中国版本图书馆CIP数据核字(2018)第238517号

责任编辑：侯满茹
策划编辑：翟　燕　　侯满茹　　责任终审：劳国强　　封面设计：金版文化
版式设计：金版文化　　责任校对：李　靖　　责任监印：张京华

出版发行：中国轻工业出版社（北京东长安街 6 号，邮编：100740）
印　　刷：艺堂印刷（天津）有限公司
经　　销：各地新华书店
版　　次：2019 年 1 月第 1 版第 1 次印刷
开　　本：720×1000　1/16　印张：13
字　　数：200 千字
书　　号：ISBN 978-7-5184-2150-3　定价：49.80 元
邮购电话：010-65241695
发行电话：010-85119835　传真：85113293
网　　址：http://www.chlip.com.cn
Email：club@chlip.com.cn
如发现图书残缺请与我社邮购联系调换
170817S3X101ZBW

~ 前言 ~

宝宝出生以后，爸爸妈妈在享受为人父母的幸福与甜蜜的同时，不经意间已承担起养育宝宝的任务。看着襁褓中小小的“一只”，出于本能，总想让他得到最好的。

然而，第一次当爸妈根本没有想象中的那么简单，所以请宝贝原谅一下吧，因为第一次当爸妈的我们，还没有经验处理你人生中的这些第一次：第一次安抚你，第一次和你互动，第一次给你洗澡，第一次见到你长湿疹，第一次给你添加辅食……这些问题纷繁复杂，往往让爸爸妈妈不知所措。

《新手爸妈育儿新主张》涵盖宝宝营养与喂养、日常护理、疾病防治、早教与心理健康等内容，从科学的视角为新手爸妈解答常见育儿困惑，旨在让新手爸妈实现轻松养育聪慧宝贝的目标。此外，本书还依据宝宝的不同生长发育阶段，推荐相应的营养菜例，并配有二维码，爸爸妈妈只需要拿起手机扫一扫，就能跟着视频轻松学做各种花样的宝宝餐，让宝宝吃得美味又健康。

育儿也是育己，能陪着宝宝从襁褓中的婴儿慢慢长大，一起看成长过程中的风景，是为人父母人生中宝贵的财富。或许在起初会有无措，中途也会有茫然，但我们相信，只要有爱与知识，终点一定是永恒的幸福。

Contents 目录

Part 1 育儿新主张，幸福辣妈奶爸养成计划

Part 2 从第一口吸吮开始，给宝宝科学的喂养

Part 3 关注生活细节，给宝宝贴心的呵护

Part 6 走进孩子内心世界，培养快乐宝宝

Part 1

育儿新主张，幸福辣妈奶爸养成计划

从宝宝出生的那一刻起，你不经意间变成了“三头六臂”。

当前，各色各样的育儿主张层出不穷，新旧观念交杂，

从开始的一脸懵懂到自如甄选科学正确主张，

不仅仅是爸妈的成长，更是宝宝的幸福。

倡导育儿新主张，科学养育不掉线

随着时代的发展，科学、轻松育儿的理念越来越深入人心，也成为新手爸妈的普遍追求。

宝宝并不是生活的全部

当前社会一个普遍存在的现象是，很多女性在做了妈妈以后就会不自觉地把宝宝当作生活的全部：一切以宝宝为中心，甚至忽视了自己、爱人及家庭。这是万万不可取的。

女性的人生角色

由上图我们可以知道，一位女性在一生中，所扮演的角色是多重的。做了妈妈以后，不管你是否愿意，女性的其他社会角色还是要继续。可能有些妈妈不得已放弃了有些角色，比如选择全职妈妈的人选择放弃职业女性这个角色，并且会不自觉地将尽可能多的精力放在妈妈这个角色。这当然无可厚非，但如果把所有注意力都放在宝宝身上，显然就错了，不但妈妈累，宝宝也会紧张。其实，宝宝并不是妈妈生活的全部。

生娃之后，女性不只是妈妈

在生了宝宝之后，女性的生活方式和内容必然会发生变化，说翻天覆地也不为过。但这并不代表女性要放弃自己的生活，只当妈妈就好了。相反，要学会调整自己的产后生活。

→ 给宝宝高质量的陪伴和基于理解的爱，让宝宝顺应自己的天性独立成长。

→ 重视和家人，尤其是丈夫的沟通与交流，积极构建亲密关系，共同养育宝宝。

→ 给自己足够的空间，并提升自我，为自己补充能量，让生活多姿多彩。

学会分辨不同的育儿建议

如今的育儿建议层出不穷，有来自长辈的、朋友的、邻家宝妈的，还有的来自专业的育儿机构，也有来自自己在互联网、育儿书籍上特意找来的……多种多样的建议，是否真的具备科学性？这些建议都适合自家的宝宝吗？

新手爸妈要知道，在育儿路上，很多有关养育宝宝的问题不一定存在什么正确答案，即使育儿书籍上的理念也不是唯一正确的（当然也包括这本书）。真正的育儿行业的专家都知道，每个家庭的育儿风格都不相同，每个宝宝都是独一无二的小天使，只有适合自家的才是最好的。

所以，对新手爸妈来说，学习育儿知识是非常必要的。遇到问题当然需要看书、咨询，但掌握解决问题的原则才是要学习的重点。根据别人提供的建议，结合自家宝宝和家庭的实际情况进行选择，并将所了解到的资讯融会贯通，慢慢找到适合自己的育儿经。

莫慌张，育儿不是难事

新手爸妈缺乏经验，在育儿之初往往手忙脚乱，特别是宝宝刚出生时，要给他换纸尿裤、喂奶、穿衣服、做身体方面的护理……面对一个柔柔软软的小婴儿，不知所措了。这些“第一次”需要学习，并在日后不断实践。不过，一般在宝宝出生后到出院之前，医护人员都会指导新手爸妈做好这些工作，只要认真学习，育儿并非难事。如果以后还有什么不懂的，也可以随时请教身边有经验的人，或自己查阅相关信息，相信只要有耐心、爱心，肯学、勤练，每一位新手爸妈都可以成为合格的育儿专家。

成为爸妈，这是所有职业中难度系数最高的一份工作，也是一件非常有成就感的事情：还有什么比看着宝宝逐渐长大，更让人觉得幸福和满足的呢！

呵护而不溺爱

现在很多家庭都很溺爱宝宝，有时是父母溺爱宝宝，有时则是爷爷奶奶、外公外婆对宝宝溺爱。无疑，宝宝是家庭的重点教育和保护对象，但是爸妈需要明确，对宝宝的爱，并不是通过溺爱来实现的，用心呵护他成长，需要正确的育儿方法。只有这样，宝宝才能健康长大。

溺爱摧残宝宝的身心

所谓溺爱，就是对宝宝过分宠爱，甚至剥夺了宝宝锻炼独立意识和坚强意志的机会。从家庭的角度来讲，溺爱会让宝宝目中无人，等到将来步入社会时，只要遇到一点挫折都会一蹶不振。溺爱中长大的宝宝往往不会珍惜朋友的感情，认为别人对他的付出都是理所应当的，必将影响他一辈子。

用心呵护宝宝成长

相信大家都知道溺爱孩子是不对的，而且没人会特意溺爱孩子，只是不知道如何呵护孩子而已。用心呵护宝宝的成长，杜绝溺爱，家长需要做到以下几点。

- 不要将关注的重心全部集中在宝宝身上。自己才是自己人生的主人，孩子以后也必将有自己的人生，如果把所有注意力集中到孩子身上，孩子独立后妈妈会失落，也找不到生活的重心。
- 隔代抚养往往容易溺爱，爸爸妈妈应尽量安排好自己的工作和生活节奏，尽量自己陪护宝宝长大，如果必须要长辈陪护，可以与长辈共同探讨育儿方法及观念，尽量避免过分溺爱宝宝。
- 面对宝宝的无理要求，爸爸妈妈一定要拒绝，不要轻易妥协。
- 随着宝宝年龄增长，家长要锻炼宝宝自己穿衣、吃饭、洗漱，给宝宝帮家里做一些力所能及家务的机会。
- 除了在家里锻炼宝宝独立生活的能力之外，还要让他走出家门，多参加学校的集体活动，如夏令营、郊游等，进一步锻炼他的生活能力。

不要比较，我的宝宝独一无二

每个宝宝在世界上都是独一无二的，是上天赐给父母的天使，不同的宝宝之间只有相似或不同之处，没有可比性。作为家长，不应该总是拿别人家的宝宝和自家的比。要知道，只要宝宝今天比昨天优秀，现在比过去有进步，就是在成长，就该受到鼓励。

不以宝宝的名义盲目消费

盲目消费是不理性的消费行为，多在攀比、炫耀、冲动、自我满足的心理作用下发生。“多准备点儿总没坏处”“用就用最好的”“一辈子就这一次，多花点儿钱值得”……很多家长在育儿路上都以宝宝的名义满足自己的这种不理性消费需求，结果往往导致在无形中盲目消费了太多的金钱，造成物资剩余和铺张浪费。

事实上，最贵的未必适合，给宝宝选购日常用品时，一定要结合家庭经济情况和宝宝自身的需求科学消费。

过度依赖老人不可取

因为种种原因，老人是宝宝主要照顾者似乎是一大中国特色。一方面年轻的父母需要工作，而专业的托管机构少之又少，只能依靠老人了；另一方面一些农村年轻父母不得不出来打工，只能将孩子托付给老人，孩子只能成为留守儿童。但是，年轻家长需要注意，过度依赖老人，容易造成宝宝和父母之间的隔阂，也可能会影响宝宝正常的社交发展。而且，有的老人育儿观念比较落后，有些观念不利于孩子健康成长，比如老人认为孩子发热应该捂热。所以在育儿过程中老人帮把手无可厚非，但过度依赖老人不可取。

幸福妈咪秘诀，轻松养育宝宝

育儿路上，妈妈扮演着重要的角色。从妈妈怀孕到宝宝出生，妈妈和宝宝的命运休戚相关，说妈妈时刻在关注宝宝也不为过……对于新手妈妈来说，会对新生活感到不适应，这时候要学会科学育儿的同时放松自己。

角色发生转变要做好心理准备

很多妈妈在生完宝宝之后，还没有做好角色转变的心理准备，往往会引发一系列情绪问题。这不仅影响自身的身心健康和产后恢复，也不利于育儿，甚至影响妈妈与宝宝建立良好的亲子关系。

在孕期，准妈妈通常是大家关注和关心的主角，集家人的宠爱于一身。产后，大家将更多的注意力集中在新生宝宝身上，这种落差让很多新妈妈感到非常失落。

因此，新手妈妈首先要做好角色转变的心理准备，要相信宝宝是上天带给自己和整个家庭的礼物，是自己怀胎十月生下来的小天使。也许宝宝的到来会让自己的生活发生很大的变化，但这种变化让新妈妈变得更加细心和稳重，也多了一份做母亲的责任，总之，新妈妈变得更有责任心了。要主动尝试着接受发生改变的新生活，并将爱倾注给宝宝，和家人一起精心照顾宝宝，让育儿之路变得更加顺利。

不苛求自己，适当放慢生活节奏

对于很多新手妈妈来说，由于缺乏育儿经验，往往在照护新生儿时手忙脚乱。还有的妈妈一心想要给新生宝宝完美的爱与呵护，无形中为自己设定了不切实际的高标准，刻板遵循并以“完美”的高度来衡量自己是否是个合格的妈妈，稍有不满意，就会过分自责或情绪激动。

新妈妈不应该过于苛求自己，只要认真学习育儿知识，并在日常生活中加以实践，每一位妈妈都会照顾好宝宝。因此，新妈妈应自己放松，尽快适应宝宝出生以后的新生活。

如果新妈妈有消极或焦虑的想法，首先要学会自我调节。生活中保持知足常乐的理念，遇事多微笑，解决问题就好，不必追求完美；懂得欣赏自己，树立工作和生活的目标，并努力让目标变成现实；学会通过倾诉等方法表达自己的情绪，缓解压力；主动寻求和接受别人的帮助等；有意识地转变自我评判标准。这样照顾宝宝更周全，自己也不会过于紧张。

顺其自然，找到自己的育儿节奏

大部分初为人母的新妈妈，常怀疑自己是否有能力胜任母亲的角色。这其中一部分新妈妈会通过自我调整，适应新角色；另一部分则会陷入长久的茫然和紧张，甚至产生焦虑和抑郁情绪，随之而来的育儿生活也变得不堪重负。

其实，只要顺其自然，新妈妈基本都能找到自己的育儿节奏。这就要求新妈妈放松自己的心态，用宽容的心看待人和事，慢慢接受不完美的自己和自己照顾宝宝不会事事完美这一事实，相信自己能用爱和知识，养育出聪明健康的宝宝。

与宝宝多进行亲密接触

与宝宝的亲密接触，从他一出生就要开始。早期亲密接触，对妈妈和宝宝亲子感情的建立和宝宝内心安全感的建立有促进作用，新妈妈不容忽视。

新妈妈和宝宝早期的亲密接触，不仅对宝宝有益，对新妈妈的产后心理健康也有积极作用。

研究表明，每个人都存在着接触饥渴，需要通过亲密接触才能产生满足感，这种现象在婴儿期体现得更为明显。婴儿自身活动不足，早期亲密接触既能满足婴儿心理需求，同时也可以促进婴儿被动运动，这对婴儿新陈代谢及大脑发育都有益处。

对新手妈妈来说，与宝宝玩耍，享受温馨的亲子时光，不仅可以增进母子之间的感情，也可以让新妈妈的不良情绪得到缓解，对产后的身心恢复大有裨益。

了解了早期亲密接触的重要性，接下来就该学习如何与宝宝进行亲密接触了。

1 宝宝出生后多抱宝宝

抱宝宝是母子感情信息交流的基础，也是新妈妈和宝宝亲密接触的直接方式之一。在宝宝哭闹不止的时候，一个温暖的怀抱能通过头与头、胸与胸的亲密接触，传递妈妈满满的爱，安抚他的身心，给予宝宝极大的安全感和满足，也有助于培养婴儿的感情思维。因此，如果身体条件允许，新妈妈要多抱一抱你的小宝宝。

2 和宝宝同屋不同床

新生儿出生后，大部分时间都是在睡觉中度过的。优质的睡眠可以促进宝宝生长发育，有利于宝宝健康成长。而和宝宝同屋不同床，也是早期亲密接触的一个重要举措。

新生儿出生后尽量采取母婴同房不同床的睡觉方式。这对宝宝的安全、母婴的睡眠质量和宝宝日后养成良好的睡眠习惯都是有益的，也便于父母照顾宝宝。从宝宝出生起，新妈妈可以将宝宝的小床放在父母大床的旁边，让宝宝能够时时听见熟悉的声音，知道父母就在附近。

3

自己哺育宝宝

哺乳是妈妈与宝宝亲密接触和交流的好时机，母乳就像一根纽带，连接着妈妈和宝宝。因此，有条件的妈妈可以亲自哺育宝宝，尽情享受这段温馨时光。

当宝宝吮吸乳头时，妈妈体内会分泌一种激素——催产素，它能激发妈妈更加强烈的母爱。宝宝身上独有的婴儿气息使妈妈陶醉，妈妈在哺乳时有充足的时间细细观察宝宝身体的每一个细节。这是妈妈和宝宝之间最早也是最为直接的沟通方式。

当宝宝刚出生不久，只能通过触觉、嗅觉和比较模糊的视觉来感受外面这个世界。母乳喂养时妈妈温暖的怀抱、熟悉的气味、温柔的眼神和温存的呢喃，都让宝宝感到无比安心和温暖。

4

给宝宝做抚触

给宝宝做抚触，用双手给予婴儿轻微的良性刺激，宝宝会非常享受抚触。抚触不仅能促进宝宝的身心健康，还能预防疾病，增强亲子感情。可以说，抚触是一种一举多得的亲密接触方式。

不过，由于新生儿较为娇嫩，新手爸妈在为其做抚触时，一定要注意手法，动作要轻柔缓慢，以婴儿感到舒适为度，不要让宝宝因为接受抚触受凉，以防感冒。另外，在抚触时，表情要自然大方，别做过多挤眉、歪嘴等怪诞表情，以免婴儿模仿，形成不良习惯（为宝宝做抚触可以参考中国轻工业出版社出版的《捏捏按按宝宝聪明又健康》）。

温馨提示

大人的身上往往有些隐藏的病菌和有害物质，遍布在身上、手上以及口唇周围等，在亲密接触时可能会不知不觉伤害宝宝。因此，尽量避免亲吻宝宝，而且接触宝宝前要洗手。

育儿路上，爸爸不可或缺

育儿之路上，妈妈的作用不同小觑，爸爸也是不可或缺的。现如今，爸爸在育儿的过程中扮演的角色越来越多样化，也越来越重要。

谁说宝爸是没用的“育儿产品”

最近一项关于“最没用的十大育儿产品”的评选中，婴儿床、隔尿垫、暖奶器等都名列前茅，但占据榜首的竟然是宝宝爸爸。这样的结果让宝宝妈妈啼笑皆非。而在一项父亲教育幼儿的调查中，对在园幼儿家长所做的一项“父职教育”的调查结果显示，妈妈配合幼儿园的教育和在家进行教育的比例远超过了爸爸，经常和宝宝共同阅读、讲故事的爸爸仅有33%；宝宝病了，带宝宝上医院的爸爸只有25%；而69%的宝宝习惯于遇到困难时找妈妈，仅30%找爸爸；而基本淡出幼儿教育的爸爸约占70%。

难道说，宝爸真的是没用的“育儿产品”吗？不是！宝宝是父母爱情的结晶，育儿当然需要爸爸和妈妈双方共同参与。很多家庭都忽视了爸爸育儿的重要性，其实，这不利于宝宝身心全面发展。育儿专家指出，爸爸和妈妈教育宝宝的方向和侧重点是不同的。妈妈对宝宝的教育可能更倾向于生活和行为习惯的培养，而爸爸则会在思维能力、运动能力以及人格形成方面对宝宝产生深远的影响。一个好爸爸，在宝宝成长的过程中起着不可替代的作用。

爸爸在宝宝成长过程中的作用不可替代

俗话说，“养不教，父之过”。父亲在宝宝的教育上有不可替代的作用，往往会影响宝宝以后的成长轨迹。据调查，一个宝宝在人生的前十几年里，接触女性的机会远远高于男性，而爸爸是宝宝接触最多的男性，爸爸的一言一行、为人处事无时无刻不在影响着宝宝。具体来说，爸爸在宝宝的成长过程中起着以下四个方面的作用。

1 有助于宝宝的个性培养与发展

安全、自信、坚毅、勇敢是爸爸的个性特征，也是爸爸在宝宝成长过程中不可替代的价值。宝宝在爸爸的关爱下，既能潜移默化地感受到父爱，又能模仿和学习爸爸的行为，久而久之，就会形成和爸爸一样的个性特征。在为人处事上，爸爸更理智、公正，更有幽默感，有助于宝宝形成开朗活泼的个性，完善其人格发展。

2 有助于丰富幼儿的情感体验

爸爸是宝宝的主要模仿对象，也是宝宝游戏的重要参与者。对宝宝来说，他们处在直觉行动和具体形象两种思维尚未发育完善阶段，对于“动”可能会更敏感。日常生活中，妈妈对宝宝的教育多半融入了带有明显女性特征的教育活动中，表现为安静并且有明显的家庭属性，如唱儿歌、过家家等。这些游戏的特点是“小而静”。而爸爸喜欢带宝宝玩一些充满刺激性的游戏，如躲闪跑、登山、球类运动等，这些游戏明显有“大而动”的特点，能使宝宝宣泄和表达释放自己的情绪情感，丰富宝宝的情感体验，还能疏导他们的不良情绪，这是大部分妈妈不擅长的。因为女性的特征决定了妈妈更重视宝宝的起居生活，考虑更多的是游戏的安全性。

3 能促进宝宝的智力发展

爸爸作为男性动手能力更强，他们在教给宝宝更丰富、更广阔的知识的同时，还能与宝宝一起操作玩具，进行探索活动，并培养其动手能力和创新意识，激发宝宝强烈的探索欲望和学习兴趣，有利于促进宝宝的智力发展。

4

有助于宝宝分化性别意识

宝宝会在某一阶段对父母的行为非常敏感，几乎整天都在模仿他们的语言和行为，如男宝宝会拿着爸爸的刮胡刀对着镜子自己假装刮胡子，女宝宝会偷偷抹上妈妈的口红，穿上妈妈的高跟鞋等。如果宝宝和爸爸的交流过少，就会造成他只模仿妈妈的言行，这对男宝宝而言非常不利，可能会造成其性格软弱、腼腆；而对女孩来说，她们会因为缺少爸爸的保护和照顾而变得强势和偏执，尤其是在幼儿期，这种影响更加明显。

爸爸参与到宝宝教育中，可以使宝宝从小有良好的性别模仿对象，从而潜移默化地为宝宝树立性别角色，改善男宝宝“女性化”的性格特点，也能让女宝宝学着更加勇敢和坚强。这有利于促进宝宝对社会性别角色的认知，从而分化性别意识。

平衡生活和工作，给予宝宝高质量的陪伴

对宝宝来说，家是一个整体，每个家庭成员都是这个整体不可或缺的部分，妈妈的爱很重要，爸爸的陪伴同样无可比拟。但是，在当今的社会环境下，由于男人要肩负养家糊口的重任，工作忙，压力大，使得他们往往疏忽了对宝宝的陪伴，或因时间有限而变成了“周末爸爸”，只能在有限的周末陪宝宝几小时。

诚然，赚钱养家很重要，但是陪伴宝宝的健康成长也是爸爸不容忽视的一个育儿内容。如何平衡生活和工作，给予宝宝高质量的陪伴就变成了摆在爸爸们面前的一个重要课题。

首先，爸爸要认识到陪伴对宝宝的重要性，其次就是在日常生活中实践陪伴宝宝这件事。陪伴宝宝并非一定要专门抽出时间，平时下班回家之后，在繁忙的工作之余，也可以和宝宝做做游戏、看看书，或者帮宝宝洗洗澡，哄宝宝入睡等。这些简单的互动，都能在潜移默化中增进宝宝对爸爸的感情。

宝宝是上天赐予全家的珍贵礼物，也是父母割舍不下的甜蜜负担。如果每一个爸爸都能真正地花心思和时间陪宝宝感受人生百态，多一点陪伴，相信宝宝在健康成长的同时，家庭也会更加和睦、幸福。

拥抱和安抚，爸爸也能做得很好

让爸爸参与育儿，从新生儿时期就开始了。研究表明，爸爸的拥抱对新生儿具有独特的安抚作用，特别是腕抱法——将宝宝的头放在右臂弯里，肘部护着宝宝的头，右腕和右手护住宝宝的背和腰部，左小臂护着宝宝的腿部，左手托着宝宝的屁股和腰部。采用这种姿势时，爸爸可以一边抱着宝宝，一边慢慢走路，宝宝可以感受到爸爸的呼吸、爸爸心跳的节奏、胸腔的振动，加上脚步的移动，能带给宝宝一种独一无二的拥抱体验和强大的安全感。

宝宝不仅能用耳朵听，还能通过颅骨的振动感觉到声音。如爸爸在抱宝宝的同时轻声哼唱舒缓安静的歌曲，男性特有的低沉声音可以安抚哭闹的宝宝。

可见，拥抱和安抚宝宝，并非妈妈的独门绝技，爸爸也能做得很好。宝宝出生以后，爸爸要主动承担起照顾宝宝的重任，一方面能减轻新妈妈的产后压力，一方面也能和宝宝产生良好的互动，培养亲密的父子感情，对营造温馨和幸福的家庭氛围有益。

愿每一个宝宝都能在爸爸的陪伴下健康快乐地成长。

四 育儿，还需顺着宝宝的节奏来

育儿之路上，爸爸妈妈需要顺着宝宝的节奏，一步步慢慢来，找到适合自己的育儿节奏和方法，这才是科学的、正确的育儿方法。

充分了解宝宝的需求

马斯洛需求层次理论将人类的需求从低到高分为五种，分别是生理需求、安全需求、社交需求、尊重需求和自我实现需求。同样地，宝宝也有自己的需求。

对爱的需求

宝宝对爱的需求，不是百依百顺、一切以宝宝为中心的溺爱，也不是拼命进行智力投资的“关爱”，而是科学完整的爱。也许是临睡前的一个吻，遇到困难时轻拍他们肩头的手，受了委屈时一个温暖的怀抱，还有一句“爸爸妈妈爱你”的表达。

被聆听和了解的需求

聆听宝宝的言语，了解宝宝的内心世界，是和宝宝沟通交流的重要内容之一。父母在平时的生活中要学会尊重宝宝，特别是在宝宝表达自己时，一定要放下手头的事情，确保大脑和眼睛都在关注宝宝所讲的内容，并有所回应，和宝宝建立良好的沟通。

独立自主的需求

随着宝宝逐渐长大，妈妈需要根据他的生长发育情况及时为他断奶，并添加符合年龄段要求的辅食。细心的妈妈可能会发现，当宝宝看到大人吃饭的时候，会表现出极大的热情，自己也想要吃饭，这正是宝宝独立需求的表现之一，也是宝宝需要及时添加辅食的一大信号。

娱乐的需求

爱玩是宝宝的天性，也是宝宝的权利。作为父母，不应该剥夺宝宝娱乐的需求，而应制订合理的计划，让宝宝在玩的过程中学习、成长。

学会分辨和回应宝宝的“语言”

从还不会说话到牙牙学语再到妙语连珠，宝宝的语言能力在不断增强。不过，从宝宝一出生，爸爸妈妈就应当学会分辨和回应宝宝的“语言”。

读懂宝宝哭声中的学问

大多数健康新生儿一出生就会发出响亮的哭声。哭， 是还不会说话的宝宝在与大人进行交流。

一般而言，宝宝哭可以分为生理性哭和病理性哭两大类，读懂不同哭声中的学问，能帮助新手爸妈更好地照护宝宝。

当宝宝出现生理性哭时，往往声音抑扬顿挫，很响亮，并有节奏感，哭而无泪，面色正常，每次哭的时间很短，一天大概能哭好几次。这时妈妈只要轻轻触摸他、对他笑，或把他的两只小手放在腹部轻轻摇晃两下，宝宝就会停止啼哭。当宝宝饿了、渴了、尿了、冷了、热了，都会出现生理性哭。

不过，哭有时候也是某些疾病的早期反应。一般而言，宝宝出现病理性哭时，哭声通常是持续不断的虚弱呜咽，而且表现得无精打采、食欲不振，同时还可能有呕吐、腹泻、发热、咳嗽等症状。妈妈将他抱起来或者进行哺乳也不能使其停止啼闹。导致宝宝病理性哭的病症有很多，如鹅口疮、尿布疹、中耳炎、腹痛等，一旦出现病理性哭，妈妈要及时带宝宝就医。

宝宝的肢体语言

别看宝宝小，不会说话，但是他们却有许多的肢体语言，只要妈妈细心观察，就能够通过这些肢体语言解读宝宝的状况。

- 踢腿：当宝宝发现了什么新奇的事物时，就会用踢腿表示自己的兴奋，偶尔在床上自娱自乐时也会踢腿。
- 揉眼睛：表示宝宝困了，或者想和爸爸妈妈玩“藏猫猫”的游戏，后者多见于8～9个月的宝宝。
- 握拳：这个动作可以舒缓宝宝的中枢神经系统。还有一种可能是宝宝正因为周围发生的一些事情而感到紧张。
- 抓耳朵：表明宝宝正在不知所措或者遇到危险，比如一些事情超过了宝宝能处理的范围——牛奶太烫了，或者胃里有气体需要打嗝等。
- 双手上举：宝宝伸展胳膊双手张开，通常表明他感觉非常放松，心情很好，并随时准备着观察周围都在发生什么事情。还有一种可能是他努力地想坐起来，双手张开有助于保持平衡。

宝宝会说话后的语言

宝宝的语言能力从出生时的第一声啼哭就开始发育了，这是一个循序渐进的过程。

Step1 前3个月

刚开始时，宝宝是用舌头、嘴唇、上腭来发声，头一两个月是“哦”和“啊”，不久之后，就能“咿咿呀呀”了。

Step2 4~5个月

这一阶段的宝宝可能偶尔会蹦出第一声“妈妈”或“爸爸”来，不过他还没有真正把这些词和自己的爸爸妈妈联系起来。

Step3 6~9个月

宝宝会“说”的话更多了。当孩子喃喃自语或发音时，会模仿爸爸妈妈说话时类似的语调和语气。

Step4 10~18个月

本阶段的宝宝可以使用1～2个词了，而且知道它们的含义，甚至会练习变换声调。

Step5 19~30个月

本月龄段，有约50%的宝宝词汇量已经多达200个，并能说出3～5个词组成的句子。大多数宝宝会用三个字组合的词来表达自己的感受。从这个阶段开始，宝宝能用语言来表达自己的要求，而不再只是借助肢体语言。

Step6 31~36个月

多数2岁半的宝宝开始会使用“我”和“你”了，甚至能把名词和动词连在一起，说出简单完整的句子。本阶段宝宝的词汇量会增加到300个词。满3岁后，很多宝宝将能够持续谈话，并根据谈话对象来调整语调、说话模式、用词等。

温馨提示

宝宝的语言能力应该从“听不懂、说不出”的时候开始培养，爸爸妈妈在日常生活中要多与孩子沟通和交流。

读懂生长曲线

体重和身高，反映了宝宝营养状况的好坏，也是生长发育是否良好的重要评价指标。正常情况下，宝宝的体重、身高会随着年龄的增长而增加，但也不是呈直线上升，而是有一定规律的。爸爸妈妈要学会正确解读生长曲线，才能及时发现宝宝成长过程中可能存在的问题，防患于未然。

首先，不能以“平均值”作为衡量标准。家长需要注意的是，任何时候，都会有近50%的宝宝生长发育指标高于平均值，50%左右的宝宝低于平均值，刚好在平均水平的宝宝为数极少。所以，不能以“平均值”作为判断宝宝生长发育是否正常的标准。

其次，将宝宝某一时刻的生长发育数据与生长曲线做比较，找出宝宝生长发育的百分位意义并不大。只有动态连续监测宝宝的生长曲线，才可能真正了解他的发育状况。如果只以一次的点状测定值贸然下结论，不仅不能真正评估宝宝的生长发育情况，有时还会耽误对疾病和一些问题的认识。

最后需要提醒家长的是，除了要定期监测宝宝的身高、体重，还需要兼顾宝宝的体形，综合评判宝宝的成长状况。

放轻松，让宝宝自然成长

大多数父母都会对宝宝投入大量的时间和精力，这当然无可厚非。但要注意，过多干预宝宝的成长可能会适得其反。其实，养宝宝就像种树，偶尔修修枝杈、除除虫就好了，如果过多干预，养出来的只能是温室的花朵。

过多干预宝宝成长的父母，普遍具有以下几种表现，家长要注意检视自身，有则改之，无则加勉。

- → 时常在游戏时间干扰宝宝。
- → 老是关心宝宝该吃什么。
- → 过于苛求宝宝的穿着。
- → 频繁地给宝宝打电话。
- → 要求宝宝详细汇报在幼儿园的情况。
- → 窥探宝宝的隐私。

Part 2

从第一口吸吮开始，给宝宝科学的喂养

奶是宝宝来到这个世界上吃到的第一口食物，助力宝宝茁壮成长。

不管母乳喂养，还是人工喂养，再到逐步添加辅食……

宝宝的每一步健康成长，都离不开科学的饮食照顾。

喂养新主张，给宝宝科学的爱

饮食营养是宝宝健康成长的先决条件，对于一个稚嫩的小宝宝来说，饮食营养全靠爸爸妈妈来提供。从母乳喂养到辅食添加，爸爸妈妈该如何做才能让宝贝吃得科学有营养？又有哪些误区需要避开？不妨听听育儿专家怎么说。

新生宝宝应尽早吃上第一口奶

以前开奶时间比较晚，要等出生后12小时才开始给宝宝喂奶。为了防止宝宝饿了或出现低血糖的情况，家中长辈会在开奶前先喂宝宝喝一些糖水或是牛奶，并将其称为“开路奶”。其实，这样做是完全没有必要的，也是非常错误的。现在提倡尽早让宝宝吃上第一口奶，只要宝宝喝到母乳，就不会发生低血糖。而且，孩子在1岁之前不能吃盐、吃糖。

新主张

新生儿期不提倡用糖水来喂养，糖水比母乳甜，若喝过糖水，影响婴儿对母乳的吮吸力。新生儿的第一口食物应该是母乳。提倡早开奶、早吸吮、勤喂奶，在宝宝出生后1小时内便可开始喂母乳。

重视初乳的营养价值

在产后最初的几天内，新妈妈的乳房可能会分泌少量颜色看起来稍微有些发黄、略显稀薄的乳汁，即初乳。由于初乳“面相”不佳，常被人认为不卫生、营养价值也不高。有些妈妈就将初乳挤出来扔掉，等产生白色的乳汁时才喂给宝宝母乳。

新主张

“初乳赛黄金”，不应扔掉。初乳富含营养物质，尤其是免疫因子的含量均高于成熟乳，对新生儿非常有益。妈妈分娩后应马上让宝宝吸吮乳头，让宝宝尽早吃到初乳。

母乳不足时，选择人工喂养

有些妈妈因为种种原因，不能给予宝宝充足的母乳，这时就要给宝宝选择混合喂养或人工喂养。鲜奶是一些妈妈首先想到的。她们认为，新鲜的牛奶或羊奶跟母乳一样是纯天然的营养品，比经过人工加工制作的配方奶更有营养，在母乳不足的情况下，鲜奶是比配方奶更合适的代替品。其实不然，鲜奶并不适合1岁以内的小宝宝喝，因为鲜奶中含大量酪蛋白，酪蛋白进入婴儿胃中就会形成比较大的乳凝块，难以消化吸收。

新主张

配方奶营养比例更接近母乳，且配比均衡，根据不同月龄宝宝的营养需求进行营养配制，在母乳不足的情况下，配方奶应该是作为宝宝口粮的首选。而鲜奶则是一种补充蛋白质和钙的饮品。宝宝1岁以后就可以喝鲜奶了。需要注意的是，2岁以前的宝宝对脂肪需求量大，如无特殊情况应喝全脂奶。

母乳喂养一般不需要喂水

有很多新妈妈生怕宝宝渴着，在两次母乳喂养之间会给宝宝喂一次水，其实这种做法是不科学的，且没有必要。母乳本身就含有充足的水分，能满足纯母乳宝宝对水的需求。如果另外喂水，反而会增加宝宝肾脏和消化道的负担，且会减少对母乳的摄入量，不利于婴儿生长发育。

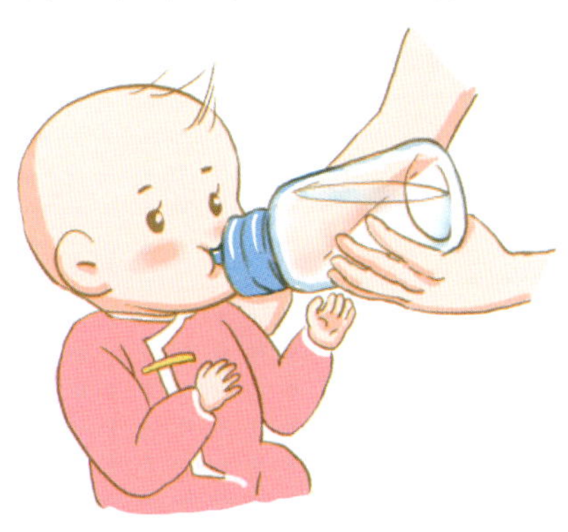

新主张

宝宝若处在纯母乳喂养期间（6个月内），只要母乳充足，根本不需要再喂其他任何液体或食物。即使天气炎热、干燥，妈妈母乳中含有的营养成分和水分也能满足婴儿新陈代谢的需求，不需要再额外喂水。只有当宝宝发热、严重腹泻或母乳不足的情况下考虑给宝宝适当喝水或补充口服补液盐。人工喂养和混合喂养的宝宝则需在两次哺喂之间适当给宝宝喂水。

新生儿没必要检测微量元素

现在很多家长担心宝宝缺乏某种营养素，影响到宝宝的生长发育，因而带宝宝做微量元素检测，评价宝宝的营养状况，希望能给宝宝全面的营养。这其实是没有必要的。宝宝的健康成长需要全面的营养，但微量元素测试已经被越来越多的专业人士否定了。根据 2013 年国家卫生计划生育委员会关于规范儿童微量元素临床检测通知，不宜将微量元素测试作为体检等普查项目，尤其是 6 个月以下婴儿；对违规开展儿童微量元素检测的医疗机构，依法依规处理。

新主张

只要宝宝生长发育正常，是没有必要检测微量元素的。如果生长发育过快或快慢，应该由保健医生对营养状况和发育状况进行全面评估，寻找原因，及时调整。家长的关注点应该放在均衡营养上，只要宝宝膳食均衡，合理吃奶，满6个月（满180天）添加辅食及时、合理，宝宝就能健康成长。

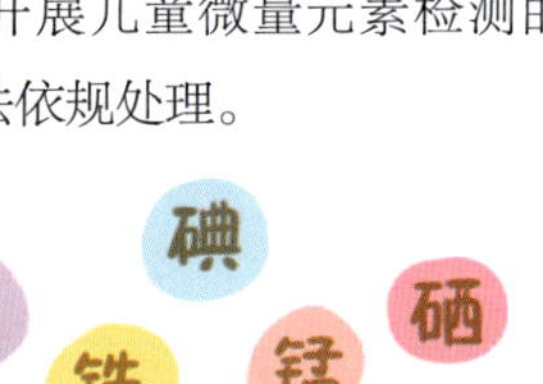

分清生理性哭和病理性哭

有些妈妈只要看到宝宝哭了，就条件反射般地认为是他饿了，习惯性地把乳头塞给宝宝。很多时候，宝宝含着乳头就不哭了，确实是因为宝宝饿了，但也有些时候喂奶并不奏效。宝宝哭了也可能是其他原因，比如身体不舒服，穿的衣服不合适，尿湿了或是周围环境太吵了，还有可能只是想让大人抱一抱，等等。如果没有分清宝宝哭的原因，只一味喂奶，很有可能导致反效果，甚至可能会因为过度喂养而影响宝宝健康。

新主张

爸爸妈妈要学会分辨宝宝的哭，这样才能更好地了解宝宝的需求。宝宝啼哭的声音若响亮而有节奏，哭而无泪，面色正常，并且哭的时间短，一天能哭好几次，通常是生理性哭，只要满足其生理需求，哭就会停止。但如果宝宝哭时怎么哄都无效，且表现得无精打采、食欲不振，就要考虑宝宝是否生病了。

不要给宝宝吃大人嚼碎的食物

一些家长习惯把食物嚼碎后再嘴对嘴喂给宝宝，认为宝宝没有牙齿或牙齿还没长好，不能咀嚼，这样嚼碎后有利于食物消化吸收，促进宝宝健康成长。从科学角度来讲，这种喂养方法并不是正确的。食物经过大人的嘴巴咀嚼后，香味和部分营养成分已经受到了很大损失；嚼碎的食物被宝宝吞下去，宝宝自己没有参与充分咀嚼，不仅容易使宝宝丧失进食的乐趣，还会加重肠胃负担，咀嚼功能也得不到锻炼；嘴对嘴喂食，大人口腔中的细菌也会传染给宝宝。

新主张

大人不要咀嚼食物后再喂给宝宝，而是要花一些时间给宝宝做一些符合宝宝月（年）龄，适合宝宝吃的食物。一般而言，宝宝满6个月以后，家长就可以给宝宝喂些泥糊状辅食了，8～9个月可以开始吃一些煮得烂的稀粥、面条。此后随着宝宝年龄的增长，逐步让宝宝吃固体食物，慢慢学会咀嚼，自己吃饭。

及时给宝宝添加辅食

有的妈妈觉得自己的母乳比较充足，能够让宝宝单纯吃母乳就能吃饱，没必要给宝宝添加辅食，直到八九个月甚至更晚还只给宝宝吃母乳，没有添加任何辅食。这可能导致宝宝出现营养不良、偏食、厌食，以后宝宝也不愿意接受辅食，咀嚼能力也得不到锻炼。

新主张

宝宝满6个月以后就需要添加辅食了。母乳能满足6个月内宝宝全部营养需求，但随着月龄的增长，宝宝对营养物质的需求量开始相应地增加和改变，即使母乳充足，也已经不能满足其生长发育的需要了。因此，宝宝满6个月后需要在母乳喂养的基础上添加辅食，补充所需营养物质。同时，宝宝的咀嚼能力在吃辅食的同时也能得到锻炼。

奶和辅食要分开喂

在刚刚开始给宝宝添加营养米粉时，很多家长为了使宝宝接受米粉，或为了省事，常常用奶、果汁等来冲调；还有些家长为了使婴儿摄入更多的奶而选择用奶冲米粉……这些做法都不妥。奶和米粉混在一起浓度变高，浓缩的营养物质会增加宝宝的消化和代谢负担。总是用奶来冲调米粉，宝宝接触的辅食与成人食品味道差距大，不利于宝宝今后接受成人食物。

新主张

奶和米汤、米粉等辅食应该分开喂。对于刚开始接受辅食的婴儿，应先用温水冲调米粉，这样更利于小宝宝接受米粉。随着宝宝逐渐接受辅食，家长可逐渐在米粉中混入菜泥、果泥、肉泥、肉汤、蛋黄泥等。

从小锻炼宝宝的咀嚼能力

辅食添加初期，由于宝宝牙齿没有长出来，还不会咀嚼，甚至连吞咽辅食的能力都尚不完善，很多家长担心宝宝的吸收和消化功能受到影响，因而给宝宝准备液体辅食或只给宝宝泥糊状的辅食。这在初期是可行的，但若长期如此，不利于宝宝吞咽功能和咀嚼能力的锻炼，也不利于其消化系统的成熟。如果长期给宝宝喂液体辅食或软烂的固体辅食，即使宝宝牙齿长齐了，宝宝也不愿意将食物嚼碎，甚至吃固体食物时还会出现恶心、呕吐等。时间长了容易造成营养不良，发育迟缓。

新主张

宝宝的咀嚼能力需要从小培养。在宝宝刚开始添加辅食时，可以添加液态和泥糊状辅食，但随着宝宝月龄的增长，就要相应地增加辅食的浓稠度和硬度，特别是在宝宝乳牙萌出期，更要适当添加有颗粒状的食物，然后逐步过渡到固体食物，这样宝宝才能摄取到多种类型的食物，并真正学会自己吃饭。

适时给宝宝断奶

有些妈妈觉得母乳是宝宝最好、最合适的食物，如果母乳充足的话，应该是能喂多久就喂多久。母乳能给宝宝提供丰富的营养，而且这种营养是无法取代的。但适时断奶也是必需的。断奶太晚，宝宝容易形成恋奶的心理，不愿吃饭，进而出现营养不良、贫血、免疫力低等情况。而且喂奶时间太长，对妈妈也不利，容易引起内分泌紊乱、食欲不振、消瘦等。

新主张

母乳的营养价值高，如果有条件，完全可以将母乳喂养持续到宝宝2岁，但2岁以后最好给宝宝断奶，鼓励妈妈和宝宝自然断奶。在此期间，逐步减少授乳量，直至宝宝能完全接受断奶。另外，给宝宝断奶前，妈妈可以带他去医院做一次全面体格检查，确认其身体没有异常状况。

添加辅食后，循序渐进减少奶量

有些家长在给宝宝添加辅食后，看着宝宝能快乐地吃辅食，就迅速减少宝宝的摄奶量，希望能给予宝宝更多辅食，并帮助宝宝尽快断奶。其实，这种做法是不正确的。姑且不说母乳和配方奶是婴幼儿不可缺少的营养物质，在宝宝的消化系统尚未发育成熟之时，突然给宝宝减少奶量，也不利于其生长发育。

新主张

给宝宝减少奶量应循序渐进地进行。如果宝宝开始添加辅食，奶依然是宝宝的主要营养来源，不能因为宝宝接受辅食而减少奶摄入量。一定要记住，对于1岁以内的小宝宝来说，乳类依然是“主食”，辅食作为“辅助食品”，切不可喧宾夺主。

给宝宝科学补钙

“宝宝总喜欢乱动，补钙”“宝宝还没长牙，补钙”“小孩有点枕秃，补钙”……现在似乎只要宝宝身体出了点小问题，家长首先想到的就是补点钙，觉得这样宝宝才能长得高，长得壮，导致让宝宝补钙就像吃饭，成了每天生活中必做的一件事情。不过，爸爸妈妈们，你们有没有想过，宝宝是不是真的需要补钙呢？这样做真的有利于宝宝健康吗？

新主张

补钙不是可以“没事就补点”的，而是要通过日常饮食+医院问诊+体格检查+辅助检查等来综合判断宝宝是否缺钙。如果确实缺乏，可遵医嘱补钙。但如果盲目补钙，过量的钙有可能会减少铁和锌等营养素的吸收，还会增加肾脏负担。一般而言，只要膳食均衡，保证奶及奶制品的摄入量，宝宝就不会缺钙，也不需要额外补钙。

断奶后依然要给宝宝喝奶

平常我们经常会习惯这样问宝妈：你的宝宝断奶了吗？一个“断”字将不少父母引入了断掉所有的奶和奶制品的误区。实际上，断奶是一个过程，通过适时给此前一直靠吃液体食物（单纯母乳或配方奶）的宝宝渐渐喂一些泥糊状食物，让他逐渐习惯并最终接受固体食物的过程。这个过程需要6个月左右。在此期间，乳类是宝宝能量的主要来源。

新主张

人的一生都需要喝奶，处于生长发育期的儿童尤其需要补充奶以促进其健康成长。宝宝开始添加辅食后，母乳或配方奶仍然需继续供给，待宝宝1岁半左右，可逐渐断离母乳，直至2岁或更大再完全断母乳。但不是让宝宝断奶，是用奶和奶制品代替母乳。此间，母乳或配方奶的量可以逐次减少，但要保证奶及奶制品的摄入量，这样才能保证宝宝的营养需求。

分清"罢奶""厌奶"和"自我断奶"

1岁以内的婴儿，在没有任何原由的情况下会突然拒绝吃母乳，这就是常说的"罢奶"。有些小宝宝在吃了辅食之后会出现"厌奶"现象。很多妈妈看到"宝宝不喜欢吃奶"就主观认为是宝宝不需要喝奶，可以断奶了，这是不科学的。其实，"罢奶"现象普遍发生在孩子4个月以后。这时的宝宝吃奶时注意力开始下降，容易被他认为更有意思的事情吸引，但并不表示宝宝不喜欢吃奶了。随着宝宝活动量增加，食欲会逐渐好转，奶量也会恢复正常。

新主张

妈妈应学会辨别宝宝"罢奶""厌奶"和"自我断奶"，不要轻易做出断奶决定。"罢奶"和"厌奶"一般是短时间内不好好吃奶，而"自我断奶"的宝宝通常都在1岁以上，已经吃了很多固体食物，生长发育指标也符合本阶段宝宝的发育标准。出现这种情况，妈妈可以逐渐减少喂母乳或配方奶的量，让宝宝逐步断离母乳，但配方奶依然要按需供给。

宝宝并非吃得越多越好

有些家长总希望把最好的都给宝宝，鼓励宝宝吃越多越好，或给宝宝补充各种营养品，看着宝宝长得胖胖的就很欣慰。宝宝白白胖胖、粉粉嫩嫩的，确实很招人喜欢，但是如果胖过度就有营养过剩的嫌了。其实，胖和强壮是完全不同的，宝宝也不是吃得越多越好。吃得过多，营养过剩，就长得越胖，成年后患糖尿病、高血压、冠心病的概率就大得多。

新主张

宝宝只要保持合理的膳食结构，就可以满足其生长发育的营养需求，不需要吃得太多，也不需要额外补营养品、保健品。尤其是鸡蛋、肉等食品不要吃得过多。另外，家长还要督促宝宝多运动，多进行户外活动，并时刻关注宝宝的生长曲线，了解宝宝的生长情况是否符合健康指标。

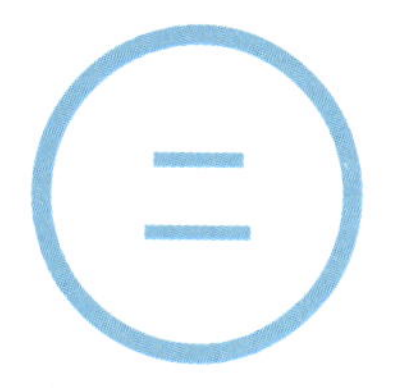

母乳喂养，给宝贝纯纯的爱

母乳，是上天赐予新生命无与伦比的礼物。它天然、卫生、安全、方便，能给予宝宝丰富的营养，让宝宝身心得到舒展和滋养；它是妈妈和宝宝之间一种奇妙的交流，能让妈妈宝宝更亲密。每一位母亲，都应尽量用自己的乳汁哺喂宝宝。

母乳的好处远比想象得要多

母乳是妈妈给宝宝的天然、理想的食物，不仅对宝宝的健康成长有益，对妈妈自身也有诸多好处。

母乳喂养对宝宝好

母乳能提供给6月龄以内的宝宝近乎完美的营养，是新生宝宝的最佳营养品。

- 初乳中含有丰富的抗体、免疫活性细胞等物质，可增加婴儿抵抗疾病的能力；初乳便于泻胎便，促使黄疸消退。
- 母乳含有丰富蛋白质、乳糖以及脂肪酸等成分，有助于促进宝宝免疫系统的成熟，且对宝宝大脑和智力发育有益。
- 和非母乳喂养的宝宝相比，母乳喂养的宝宝发生过敏、消化不良、便秘、腹泻、感染性疾病等的概率低。
- 坚持更长时间的母乳喂养，宝宝成年后患代谢性疾病，如肥胖、高血压、高脂血症、糖尿病、冠心病的概率明显下降。
- 母乳温度、吸乳速度合适，能满足宝宝口腔的敏感需求。
- 母亲哺乳时的环抱形成了类似子宫里的环境，让宝宝有安全感。

母乳喂养对妈妈也有益处

母乳喂养不仅对宝宝的健康成长有好处，还能给新妈妈带来多重益处。哺乳可以产生一种激素，减少产后出血，促进子宫收缩，加快恶露排出，帮助新妈妈恢复子宫。每天分泌母乳可以消耗额外的热量，加速身体新陈代谢，有利于新妈妈身材恢复。坚持母乳喂养半年以上，可以有效降低新妈妈患乳腺癌的概率。坚持母乳喂养一年或以上的新妈妈，患2型糖尿病、高血压及心血管疾病的概率将大大降低。而且母乳喂养可以在一定程度上减轻家庭育儿的经济压力。

母乳喂养的益处如此之多，每一位妈妈都应尽自己全部的能力坚持母乳喂养。当母乳喂养遇到困难时，新妈妈应尽量想办法让母乳喂养成为可能，从而促进宝宝和自身的健康。

宝宝出生后 1 小时内开始喂母乳

新生儿出生后应尽早与母亲进行皮肤接触，最好1小时内就能让宝宝与妈妈接触，接触时间不少于30分钟。一般，在接触和爱抚的过程中，新生儿就会自发地吸吮妈妈的乳头，也就完成了“早吸吮”。早吸吮和频繁多次吸吮可以刺激泌乳反射，进而有助于新妈妈分泌更多乳汁，促进母乳喂养成功，并使新生儿尽早吃到初乳。同时，吸吮的过程还可以帮助新生儿胃肠道建立正常菌群。

如果产后不马上让宝宝和妈妈接触，这样妈妈的乳头就得不到有效刺激，乳汁不能排出，会严重影响泌乳。所以说，宝宝是否能及时吮吸乳头，是决定妈妈乳汁分泌多少的一个因素。

至少保证纯母乳喂养 6 个月

世界卫生组织、国际母乳协会和联合国儿童基金会都建议，坚持纯母乳喂养6个月，6个月后添加辅食并继续母乳喂养至2岁。美国儿科学会建议母乳喂养至少1年。中国营养学会给出的最新婴幼儿喂养指南建议，坚持6月龄内纯母乳喂养，7～24月龄婴幼儿应根据宝宝的发育情况合理添加辅食的基础上坚持母乳喂养。

这主要是因为，母乳含有的营养物质可以满足婴儿出生后6个月内生长发育所需的全部液体、能量和营养素。母乳中有专门抵抗病毒侵入的免疫抗体，可以让6月龄内的宝宝有效防止麻疹病毒、风疹病毒等的侵袭。母乳喂养这种优势是其他任何营养物质都无法替代的。

综合以上建议，我们倡导至少要保证纯母乳喂养6个月。如果有条件，母乳喂养可以持续到宝宝2岁。特殊情况需要在满6月龄前添加辅食的，应咨询医生或营养专业人员后谨慎做出决定。

新手妈妈哺乳要做好哪些准备

初次哺乳，新妈妈难免手忙脚乱。新妈妈不妨在哺乳前花几分钟做些准备工作，可以让母乳喂养更加顺利地进行。

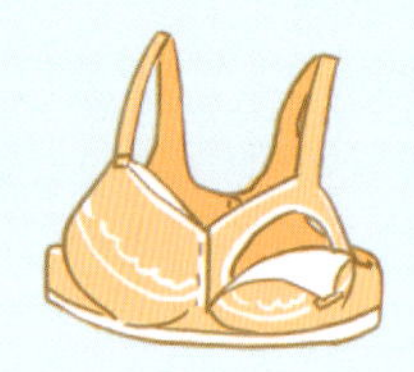

准备专用的哺乳文胸，要求能方便放置防溢乳垫、背部面积大、宽肩带、型号稍大一点儿，这样才方便哺乳。

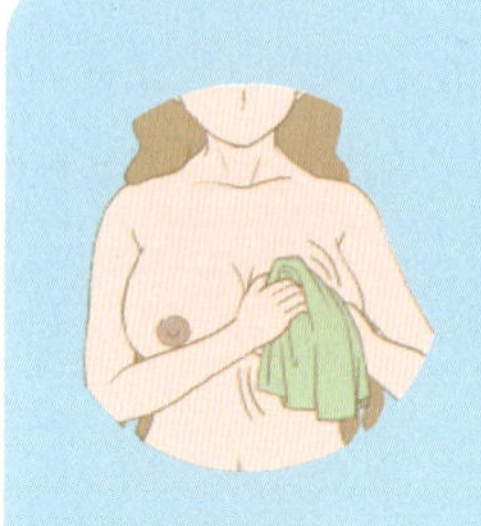

在喂奶之前洗净双手，用温湿毛巾擦拭乳头及乳晕，并用手轻轻按摩，使乳腺充分扩张。

准备一个吸奶器，在宝宝吃奶后吸出剩余的乳汁。这样更有利于乳汁分泌，且有利于乳房保健。

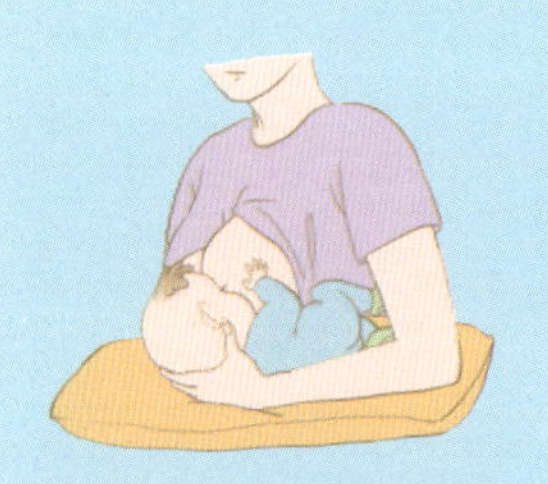

为了让哺乳时更舒适，可以准备一个脚凳或几个靠垫。脚凳可以用来支撑双腿，靠垫放在背后或手肘下。

准备防溢乳垫，如果哺乳时另一侧乳房溢出乳汁，不至于湿透衣服。

新手妈妈哺乳注意事项

新手妈妈刚开始喂奶时有很多需要注意的地方。了解这些注意事项可以让妈妈的哺乳过程更舒适，宝宝也能吃得更满足。

找个彼此舒服的哺乳姿势

哺乳姿势没有固定标准，只要在哺乳过程中宝宝能顺利吃到奶，妈妈和宝宝都感觉舒服，就是合适的姿势。以下几种姿势在哺乳过程中较常用到，新手妈妈可根据自己的身体状况合理选择。

摇篮式

经典、常用的哺乳姿势，适用于足月婴儿，喂奶方便。妈妈取坐姿，将宝宝抱在怀里，用一只手臂的肘关节内侧和手支撑住宝宝的头和身体，另一只手托着乳房，将乳头和大部分乳晕送到宝宝口中。

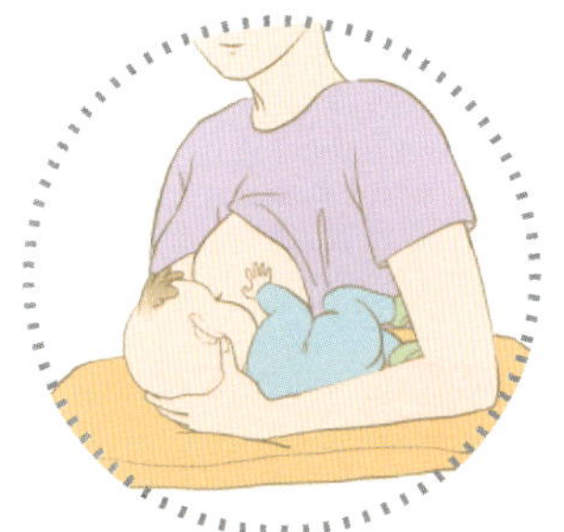

橄榄球式

把宝宝夹在腋下抱着，就像抱着橄榄球一般。利用枕头调整高度。这种姿势适合剖宫产和侧切的新妈妈，有利于伤口恢复。

交叉摇篮式

当宝宝吮吸左侧乳房时，妈妈用右手扶住宝宝的头颈处，左手可以自由活动，帮助宝宝更好地吮吸。宝宝吮吸右侧乳房时同理。这种姿势能够让妈妈更清楚地看到宝宝吃奶的情况，适用于早产或吃奶有困难的宝宝。

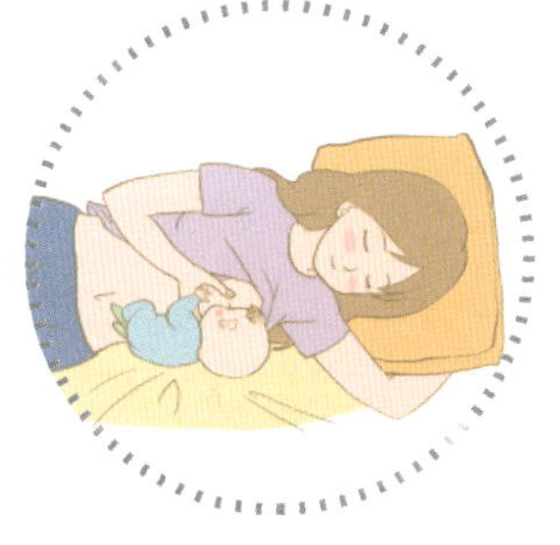

侧卧式

妈妈和宝宝面对面躺着，身贴身。如果宝宝在妈妈的左边，那么妈妈就用左边胳膊支撑起自己的身体面向宝宝，另一只手辅助宝宝，帮助宝宝吃奶。反之亦然。侧卧式可以让新妈妈得到更多的休息，适用于剖宫产妈妈。

让宝宝正确含乳

正确的含乳姿势是保持妈妈的乳头及大部分乳晕充满宝宝的整个嘴巴，宝宝的下唇向后翻卷，嘴巴周围的肌肉有节律地收缩，吮吸乳汁时脸蛋会鼓起。

让宝宝轻松含住乳晕的小窍门

妈妈先用手指或乳头轻触宝宝的嘴唇，他会本能地张大嘴巴，寻找乳头。这时，妈妈用拇指顶住乳晕上方，其他手指和手掌在乳晕下方托住乳房，趁宝宝张大嘴巴直接把乳头和乳晕送进宝宝的嘴巴。

吃奶时要关注宝宝呼吸

哺乳时，宝宝的下巴应紧贴妈妈的乳房，鼻子轻触妈妈的乳房。这样宝宝的呼吸是通畅的。如果妈妈的乳房阻挡了宝宝的鼻孔，可以用一手拇指轻轻下压乳晕，其他四指并拢，与拇指呈“C”字形，从下面托起乳房从而协助宝宝呼吸。

喂完奶要拍嗝

这一点主要是针对新生宝宝及小月龄宝宝而言的。月龄较小的宝宝吃奶时会吸入空气，所以每次喂完奶后，妈妈都要竖起宝宝或让宝宝趴在腿上，在宝宝背上轻拍，让宝宝打出嗝，帮宝宝排出空气。

哺乳妈妈不能乱用药

药物进入妈妈体内后，可随同乳汁进入宝宝体内。由于小宝宝体内缺乏对药物解毒的酶，肾脏的排泄功能也不完善，所以通过乳汁进入宝宝体内的药物代谢、排泄都很慢，很容易引起药物蓄积的中毒反应，不利于宝宝健康成长。

所以，哺乳期是不能随便用药的。哺乳妈妈如果需要用药，应在医生的指导下选择安全药物。若必须使用会影响到宝宝的药物则需暂停哺乳。

如何判断母乳是否够宝宝吃

很多新手妈妈此前没有哺乳经验，不知道怎么判断自己的奶水是否充足，宝宝是否能吃饱？不妨听听专家的建议。

妈妈留意乳房的感觉

哺喂前乳房饱满，哺喂后变软，说明婴儿吃到了母乳；如果哺喂过程中乳房一直充盈饱满，说明婴儿吸吮无效。

看宝宝的情绪状态

一般而言，宝宝10～20分钟就可以吃饱。当他吃饱的时候，通常会自己放开乳房，表情满足且有睡意，或一个人安静地玩耍一段时间。如果宝宝吃奶时间长，而且特别粘人，这时候判断宝宝是否吃饱就要综合考虑喝奶量、大小便、体重增长等方面了。

数字参考把握婴幼儿每日喝奶量

如果妈妈实在拿不准，还可以计算一下宝宝的每日喝奶量是否达到标准。具体数值可以参考原卫生部2012年颁布的《儿童喂养与营养指导技术规范》。

0 ～ 3 岁婴幼儿每日喝奶量参考

月（年）龄	喂养标准
0 ～ 1 个月	按需喂养，每天不少于 8 次
2 ～ 3 个月	按需喂养，每天不少于 8 次，每天 500 ～ 750 毫升
4 ～ 6 个月	逐渐定时喂养，每天 800 ～ 1000 毫升，每 3 ～ 4 小时一次，每天约喂 6 次
7 ～ 9 个月	每天约 800 毫升，喂 4 ～ 5 次
10 ～ 12 个月	每天 600 ～ 800 毫升，喂 2 ～ 3 次
1 ～ 3 岁	每天 350 ～ 500 毫升

观察婴儿大小便的颜色和次数

多数情况下，如果宝宝每天有2～5次大便，且大便较稀软或呈糊状，颜色淡黄色或偏绿，宝宝状态良好，母乳就是够的。如果宝宝每天尿6～8次，小便时淡黄色，就表示宝宝摄入了足够的母乳。可能有的妈妈会说，宝宝穿着纸尿裤根本没法知道尿了几次。那就要看纸尿裤是不是经常性地沾湿而加重，不算大便，每天至少需要更换5～6次，那就是正常的。

看宝宝的体重增长

一般而言，多数足月母乳宝宝第一个月平均增重800～1000克；满月之后至6个月以内，平均每月体重可以增加500～600克；7～12个月宝宝的生长速度会有所放缓，但平均每个月体重增长也不会低于300克。如果宝宝的体重增长过慢，则可能宝宝吃不饱。当然，这也并非绝对，体重增长与宝宝出生时的状态和体重也有关系。

职场妈妈如何做到工作喂奶两不误

对于职场妈妈而言，想要兼顾上班与哺乳，主要要解决三个问题：上班的时候怎么给宝宝喂奶？和宝宝总是不在一起，怎么保持母乳充足？怎样让自己和宝宝亲密接触的时间更长？

许多妈妈上班以后坚持每2～4小时挤一次奶，而这些挤出来的奶可以保存起来，回家再给宝宝吃。当妈妈下班回家或是假期时和宝宝待在一起时，妈妈可以鼓励宝宝继续频繁吃奶，这样双方都能继续享受母乳喂养的亲密关系。等宝宝长大一些，可以开始吃别的食物了，妈妈上班的时候可以少挤一点奶，等到和宝宝待在一起时再继续喂奶。这样既不耽误上班，也能保证同宝宝待在一起的时间给宝宝充足的母乳，何乐而不为？当然，在具体实践过程中可能并非一帆风顺，以下建议可能会帮到你。

上班前让宝宝提前适应

妈妈在上班前就要先让宝宝适应一下自己不在身边的感觉。首先找好看护人，可以是家里的老人，也可以是专职保姆，让宝宝提前和看护人建立起信任和感情。同时，在准备上班的前一个月或半个月，妈妈就要试着把乳汁挤出来放在奶瓶里，由看护人喂给宝宝。

规划好哺乳时间表

每一位妈妈的工作时间不一样，不管什么时间，但最好做到早晨离开宝宝上班前，在家亲喂一次。上班期间做到每个 2 ～ 4 小时挤一次奶，挤完后及时将奶妥善保存好。傍晚回家亲喂一次；晚上按宝宝的习惯亲喂。如果妈妈工作地点离家较近，最好能工作时抽时间回家给宝宝亲喂。节假日，妈妈可以全天候亲喂。

选择合适的背奶装备

职场妈妈背奶有四宝：吸奶器、储奶瓶或储奶袋、保温包和蓝冰。吸奶器有手动和全自动两种，建议职场妈妈使用全自动的便携式电动吸奶器，方便携带且省时省力。储奶瓶和储奶袋可以用来储存母乳，保证妈妈上班的时候宝宝能吃到母乳。保温包又叫“冰包”，用于为母乳保冷；蓝冰则可以让母乳保鲜效果更好。

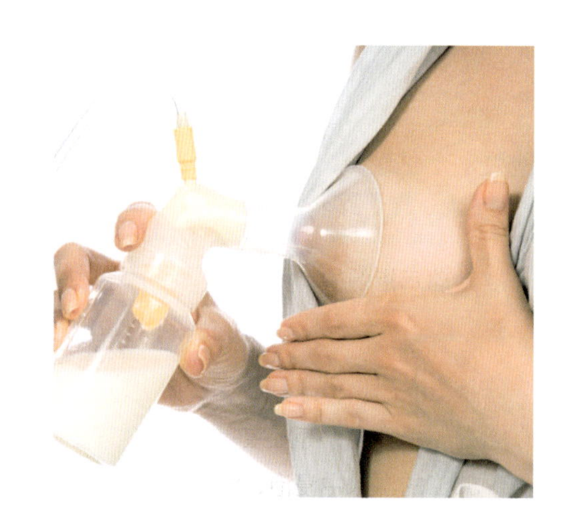

吸奶器和手挤奶，妈妈如何选择

在需要挤奶的情况下，不管是用手挤奶还是使用吸奶器，关键是看妈妈的具体情况，只要妈妈用起来方便且感觉舒适就可以。

如果觉得用吸奶器不舒服，或乳房很胀，或乳头有伤口，用手挤奶会感觉好一些；如果妈妈无法掌握正确的手挤奶技巧，使用吸奶器是不错的选择。而且吸奶器使用也很方便，对增加乳汁分泌，促进泌乳效果很好。

手挤奶的正确方法

洗净双手，两手分别按摩一下饱胀的乳房，这样有助于放松且能刺激泌乳反射。

Step2

将拇指、食指和中指分别放在乳头后面2.5～4厘米的地方，拇指在乳头上方，另外两个手指在乳头下方，形成“C”形。

Step3

拇指和另外两根手指稍施力直推。如果乳房较大，先向上托起，再直推。

Step4

手指往前转动，像要压出指纹一样。注意不要挤压乳房，也不要搓揉、拉扯乳头和乳房。

Step5

有节奏地重复上述动作，直至乳窦中的乳汁排出。

Step6

转动手指的位置，挤出其他乳窦中的乳汁。

挤出来的奶一部分放在奶瓶中，剩余的放进保鲜袋，然后放进冰箱冷藏。如果需要晚点吃就放冷冻层，等宝宝喝的时候，先放冷藏室或放在冷水中解冻，再将解冻的母乳放进低于50℃的温水中浸泡，浸泡时不时摇晃使母乳受热均匀。

配方奶也是爱，依然保证宝宝健康成长

母乳是婴儿的天然食品，是宝宝的专属“口粮”，然而并不是所有的宝宝都那么幸运，能够享受纯母乳喂养。那些不能实现纯母乳喂养的妈妈只能采取其他喂养方式——人工喂养或母乳与配方奶混合喂养。只要喂养适当，依然可以保证宝宝健康成长。

不建议进行母乳喂养的情况

一般来说，有以下情况的新妈妈不宜进行或应暂停母乳喂养。

- 妈妈患有严重的心脏病、肾脏病、重症贫血、恶性肿瘤时，为了避免病情加重，不宜母乳喂养。
- 妈妈患有传染病，如活动性肺结核、传染性肝炎等，为了避免传染给宝宝，而不宜进行母乳喂养。
- 妈妈患有精神病、癫痫等，为了保护婴儿的健康和安全，不宜进行母乳喂养。
- 妈妈乳房患病，如乳头糜烂脓肿、急性乳腺炎等，应暂停母乳喂养，及时治疗。

- 妈妈轻微感冒时，应戴上口罩再喂奶；如果感冒严重，体温超过38.5℃，需使用不宜哺乳的药物时，应停止给宝宝喂奶，听取医生的建议，待疾病痊愈后一段时间再恢复母乳喂奶。
- 患糖尿病的妈妈，可根据医生的建议决定是否可以哺乳。能够哺乳时应尽量坚持母乳喂养，母乳不足补充配方奶。但如果糖尿病病情较重，需药物或胰岛素治疗者，治疗期间不宜母乳喂养。
- 甲状腺功能亢进症患者服用抗甲状腺药时不宜哺乳。
- 孕期或产后有严重并发症的妈妈，如发生严重的妊娠期高血压、妊娠期糖尿病、产后出血、产时发生羊水栓塞等，不宜给宝宝哺乳。
- 艾滋病病毒感染者，梅毒感染者，均不宜哺乳。

另外，如果宝宝患有某些疾病，必要时也要暂停吃母乳。比如，宝宝患有严重乳糖不耐受综合征，应暂停母乳喂养；轻微乳糖不耐受者可适当添加不含乳糖的配方奶，适当减少母乳喂养量，不必完全停止母乳喂养。

不能喂母乳时无须强求

有些妈妈明知自己存在母乳量不足的情况，且采取了多种调理方法也不见效；坚持纯母乳喂养，宝宝的体重增长极为缓慢；因为妈妈的身体情况不能纯母乳喂养；或宝宝因身体情况不能完全吸收母乳的营养，等等，却依然盲目“崇拜”母乳喂养，觉得只有母乳才是适合宝宝的，即使宝宝吃不饱也不给宝宝加配方奶。这种行为和观念是不利于宝宝健康成长的，当然是不可取的。

母乳喂养确实好处多多，也是儿科专家和营养专家提倡的首选喂养方式。但是，因为母亲的个体差异质量有所不同，也因为婴儿的个体差异喂养效果也有所不同，如果强行坚持纯母乳喂养，而不考虑宝宝的生长发育状况，很容易导致宝宝营养不良，甚至发育迟缓。必要的时候要在母乳喂养的同时添加配方奶；如果需要采取人工喂养也要欣然接受。其实，无论何种喂养方式，适合自己宝宝的才是好的。

当然，如果选择了配方奶喂养，或是混合喂养，妈妈不要为此感到遗憾，也不必心存内疚，觉得自己是个不合格的妈妈。出生在现代的宝宝是很幸运的，即使不能吃妈妈的母乳，也还有配方奶，一样能让宝宝健康成长。

给宝宝挑选合适的配方奶

配方奶是以母乳中的营养配比作为参考标准制作出来的奶粉，其口感与母乳相近，比母乳略甜，进行人工喂养也能保证宝宝的营养需求。不过，市场上的配方奶种类繁多，新手爸妈该如何给自家宝贝选择合适的配方奶呢?

根据月龄选择配方奶

不同年龄段的宝宝应选择不同段的配方奶，这样才能满足宝宝各发育阶段的营养需求。选择配方奶要根据说明书进行选择，家长在选购时，一定要看清楚配方奶罐上的段数标注。一般不建议海淘配方奶，因为海淘配方奶并不一定适合国内宝宝的身体状况，而且很多家长都看不懂说明书，可能造成误食。

根据适用对象选择配方奶

一般来说，大多数宝宝都是喝普通配方奶。由于生理情况的特殊性，有的宝宝需要食用经过特殊加工处理的配方奶，如乳糖不耐受的宝宝要选择无乳糖配方的奶粉；如果宝宝对牛奶过敏，则可以选择配方奶包装说明上标明了“水解蛋白质”的低过敏配方奶；经医生诊断为缺铁的宝宝，则可以选择强化铁配方奶。

留意配方奶外包装的产品信息

根据《婴幼儿配方乳粉产品配方注册管理办法》规定，配方奶的包装标签**不应标注**下列内容： 涉及疾病预防、治疗功能；明示或者暗示具有保健作用；明示或者暗示具有益智、增加抵抗力或者免疫力、保护肠道等功能性表述；对于按照食品安全标准不应当在产品配方中含有或者使用的物质，以“不添加”“不含有”“零添加”等字样强调未使用或者不含有；虚假、夸大、违反科学原则或者绝对化的内容；原料来源使用“进口奶源”“源自国外牧场”“生态牧场”“进口原料”“原生态奶源”“无污染奶源”等模糊信息；与产品配方注册内容不一致的声称；使用婴儿和妇女的形象，“人乳化”“母乳化”或近似术语表述；标注产品广告和企业宣传等内容；其他不符合规定的情形。

温馨提示

很多妈妈都把注意力放在了挑一款优质的配方奶上，却容易忽略了配方奶的保存问题。一般来说，未开封的配方奶，只要放置于室温、避光、干燥、阴凉处即可，切勿放在冰箱内。配方奶开封后也应放在室温、避光、干燥、阴凉处，尽量于一个月内吃完。

妈妈尽量亲自给宝宝喂配方奶

与直接吸吮妈妈的乳头相比，用奶瓶喂养的宝宝确实少了些与妈妈亲密接触的机会。所以，即使是喂配方奶，妈妈也一定不要忽视和宝宝的亲密接触。如果可以，妈妈应尽量亲自给宝宝喂配方奶，并珍惜和宝宝亲密接触的任何机会。

当妈妈亲自拿着奶瓶，面带微笑并用温柔的眼神注视着宝宝时，宝宝躺在妈妈的怀抱中，感受来自妈妈的爱意，闻着妈妈熟悉的味道，会更安心、更有安全感。如此一来，有利于宝宝的心理健康，也有利于宝宝情商发育。

冲配方奶，要注意比例

用配方奶喂养宝宝比较容易犯的错误就是调配得稠。很多家长都会不自觉地多加些配方奶，但增稠的配方奶容易导致婴儿肥胖，也增加宝宝身体代谢负担，其实不利于宝宝健康。

但配方奶也不能冲调得太稀，太稀了会导致缺乏营养，特别是蛋白质含量不足，会引起宝宝营养不良。配方奶冲调过稀，宝宝摄入的水分过多，营养密度不够，不能保证宝宝成长需要的热量。如果宝宝在6个月以内消化功能未发育完全，过多水分还会导致体内电解质浓度失衡，严重时可能会出现水中毒。

所以，冲配方奶时水和奶粉的比例以及用量一定要根据产品说明把握。

按照说明书冲调配方奶

一般而言，尽量用配方奶自带的定量勺来舀奶粉，水也要按照配方奶包装上的说明来加。这样冲出来的奶水浓度才是最合适的。

根据配方奶罐上的说明，一般是先加水后加奶粉，根据配方奶的说明书进行调配，最后按加水后的奶量记录宝宝的实际摄入量。使用配方奶前应详细阅读配方奶罐上的说明。

温馨提示

冲调配方奶建议用烧开过的自来水，不要用矿泉水，因为配方奶冲调过程中不需添加额外的矿物质，尤其是6月龄内的小宝宝。冲调配方奶的水温不应超过60℃，尽量控制在40℃。如果没有特殊的情况，配方奶中不额外加糖、药或其他物品。

舀完配方奶刮一下

怎么才能保证加入的奶粉量不多不少，刚好是一平勺呢？一个小技巧可以帮助到新手爸妈，那就是舀了配方奶后刮一下，达到一平勺的量。

细心的爸妈可能发现了，配方奶罐口一般都会有一个突出的部分，这个地方就是用来给大家刮奶粉的。如果买的是袋装或配方奶罐口没有用来刮奶粉的地方，也要注意用干净的小刀或木片刮平奶粉。

宝宝的食量一定要和推荐量相同吗

配方奶喂养的婴儿，喂养标准应该以婴儿的实际接受量为标准。配方奶包装上推荐的食用量只是参考的平均值，宝宝的食量有大有小，就是同一个宝宝，也会出现有时候吃得多，有时候吃得少的情况。宝宝的食量稍稍高于或低于推荐量，没有什么问题，通常10%～20%内的差距不会给宝宝健康带来影响。家长不要过于相信推荐量，只要宝宝每天尿便正常，体重增长正常，精力充沛、活泼，就意味着宝宝摄入配方奶量充足，没必要过于规则化。

通常，配方奶的包装上还会标注喂奶的间隔时间，这也只是一个平均推荐值。每个宝宝的消化速度都不一样，早吃或晚吃不会有太大影响，不用把时间卡得太死。爸爸妈妈需要做的是，在喂养的过程中逐渐找到适合自家宝宝的喂养规律。另外，保证宝宝每天都有一定的运动量也很重要，尽量让宝宝清醒时多活动。

给宝宝换配方奶有注意事项

一般而言，宝宝喝了一种品牌的配方奶，生长良好，没有出现不适，且宝宝也还比较喜欢，就不要经常更换配方奶品牌。不过，换配方奶也确实是有些宝宝都经历的，比如从母乳喂养转为混合喂养，从一个配方奶品牌换成另一个品牌，不同阶段同一品牌配方奶的转换。

- 换配方奶过程要循序渐进，一般可历时 1 ～ 2 周，让宝宝有一个适应的过程。
- 换配方奶应尽量选择宝宝健康不生病时进行，特殊配方奶的转换除外，如过敏儿的配方奶、腹泻时换成腹泻配方奶等。

- 家长要观察宝宝在更换配方奶的过程中有无不良反应。如果没有不良反应，可以继续增加新配方奶；如果宝宝明显不适或出现明显不良反应，需换回原配方奶继续喂养。
- 换配方奶需以“交替渐进”的方式进行，即在原先使用的配方奶中少量添加新的配方奶，然后慢慢增加新配方奶的添加比例，直到完全替换。比如，先在原配方奶里添加1/3的新配方奶，两三天后，若宝宝没有不良反应，再原配方奶和新配方奶各1/2吃两三天，仍无不良反应，再原配方奶1/3，新配方奶2/3吃两三天，最后过渡到完全用新的配方奶取代老配方奶。

通常换配方奶造成不适症状以腹泻见多，但多是因为配方奶浓度冲泡不当所致，所以换配方奶时也应仔细阅读说明。

混合喂养时千万别放弃母乳

有些妈妈由于母乳分泌不足或其他原因不能纯母乳喂养，可选择混合喂养。

混合喂养经常发生的情况就是自觉不自觉中放弃母乳喂养。母乳是越吸越多，如果妈妈认为母乳不足而减少喂母乳的次数，会使母乳越来越少。

希望每一位妈妈都能尽全力用自己的乳汁哺育宝宝，如果乳汁不足也不要放弃，要充分利用有限的母乳，尽量多喂宝宝母乳。哺喂时先喂母乳，宝宝吃完母乳还不饱，再给他喂配方奶。这样可以使妈妈的乳房按时受到刺激，保持乳汁持续分泌。

宝宝不接受奶瓶怎么办

有的宝宝可能会很排斥奶瓶，不是用舌头顶奶嘴，就是咬着奶嘴玩，就是不好好吃奶。这时应该怎么办？

- 奶瓶要在宝宝不是很饿、心情愉快时试用，这样宝宝更容易接受，不要等宝宝饿极了或急切需要安抚吸吮时再给宝宝喂配方奶。
- 宝宝刚开始用奶瓶时，不要选择流量过大的奶嘴，以免宝宝感到不适应。
- 妈妈尽量亲自给宝宝喂奶，这样可以拉近亲子关系。
- 喂奶前将奶水滴在手腕上测试配方奶的温度，以接近人体温度为宜，宝宝容易接受。
- 把奶嘴放在宝宝面前，让宝宝自己找奶嘴。
- 多备几个不同形状、不同材质的奶嘴，让宝宝有不同的尝试。

人工喂养的宝宝要定期称重

当妈妈或宝宝因为某些原因不得不停止母乳喂养时，我们只能选择人工喂养替代母乳喂养。

与母乳喂养的宝宝相比，完全人工喂养的宝宝发生过敏、便秘、腹泻等状况较多，宝宝的身体免疫力也相对低。所以，爸爸妈妈要随时观察宝宝的健康状态和生长指标，确保喂养方式正确，宝宝健康成长。

建议爸爸妈妈定期给宝宝测体重、量身高，并学会绘制生长曲线，观察宝宝的生长状况。

一般而言，只要宝宝生长发育过程中生长曲线在正常范围内平缓上升，就表示喂养没有问题。但是，如果宝宝的生长曲线短时间内出现大的波动，或一直超出正常范围，就要咨询医生是否需要调整喂养方案。

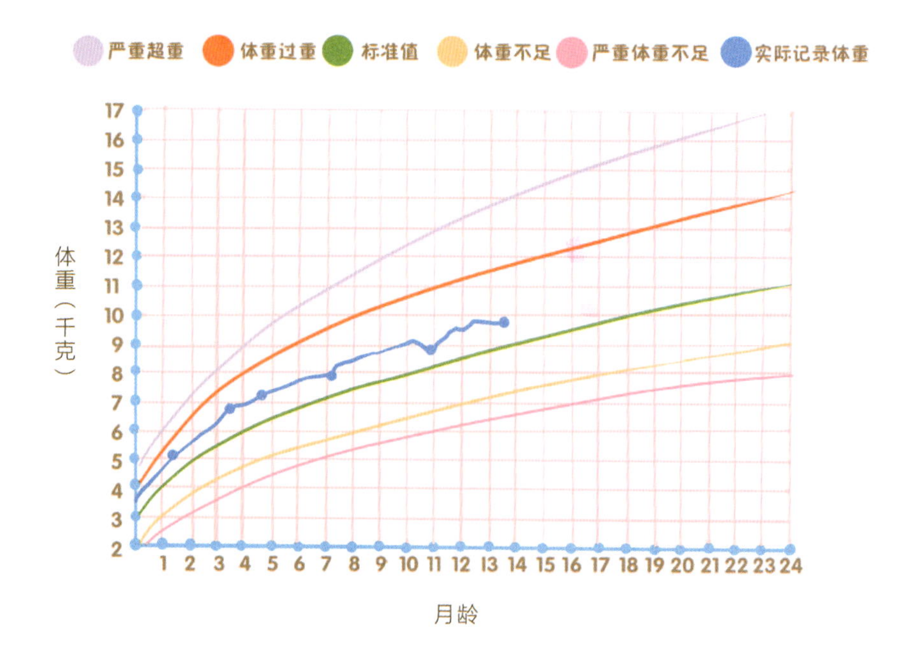

1 岁之后给宝宝戒奶瓶

美国儿科学会和牙科协会建议，宝宝1周岁时要停止使用奶瓶，最晚到18个月大时一定要完全戒掉奶瓶。中国疾病预防控制中心颁发的《儿童口腔保健指导技术规范》中建议，孩子18个月后停止使用奶瓶，最晚不超过2岁。

延长使用奶瓶不利宝宝成长

如果宝宝一岁半，甚至两岁以后还在使用奶瓶，可能对宝宝造成健康隐患，还会影响宝宝的心理健康。

增加龋齿的风险 长期使用奶瓶，会形成奶瓶龋，主要原因是孩子长期使用奶瓶，尤其是含着奶嘴睡觉，牙齿在不知不觉中受到发酵奶液腐蚀。

易形成"奶嘴性牙齿" 如果宝宝总喜欢躺着用奶瓶或是睡着后仍然含着奶嘴，久而久之，容易使牙齿和嘴唇变形，出现"龅牙""地包天"等口腔问题。

易致幼儿肥胖 通常情况下，1岁后宝宝一天的奶量不超过600毫升。但有研究表明，过于依赖奶瓶的宝宝会不自觉摄入更多奶，也让宝宝获取超出身体所需的过多热量，从而引起肥胖。

可能诱发中耳炎 习惯用奶瓶喝奶的宝宝中，超过半数宝宝喜欢在睡前含着奶瓶睡觉，这样奶水沿着嘴边流进耳朵里，极容易诱发中耳炎。

影响语言发育 如果宝宝一岁半后还使用奶瓶，可能会无法很好地食用一日三餐，从而无法很好地锻炼咀嚼吞咽，进而导致口腔肌肉发育异常，影响语言发育。

尽早接触水杯，有助于戒奶瓶

想要让宝宝戒掉奶瓶，首先必须确保宝宝习惯使用水杯。建议家长尽早（人工喂养的宝宝最好满4个月，纯母乳喂养的宝宝是6个月）让宝宝接触水杯，尝试着用水杯来饮水。

让宝宝尽早学会自己用杯子喝水，还可以锻炼手部肌肉和精细动作能力，发展手眼协调性，对宝宝的成长发育十分重要。

当然，这可不是说从宝宝6个月大开始一下就不让宝宝用奶瓶了，而是循序渐进、有意识地引导宝宝慢慢学会用水杯喝水，给宝宝充足的时间适应没有奶瓶的日子。宝宝1周岁开始，逐渐减少让他使用奶瓶的次数，直至完全戒奶瓶。

让宝宝接受并能熟练使用水杯，不是一朝一夕的事。家长掌握一定的小技巧可以让宝宝接受水杯更顺利。

- 宝宝刚接触杯子时，建议选择学饮杯或者吸管杯。
- 只在吃饭时给宝宝杯子，并示意宝宝如何正确使用杯子。
- 如果宝宝只是把杯子当玩具，也没有关系，一般宝宝乐意使用杯子喝水通常需要4~6个月。
- 直到宝宝可以将杯中大部分水喝进去，不再将水杯四处扔或者水沿下巴流，就可以用水杯喝配方奶了。
- 当宝宝拿杯子较稳时，大人可逐渐放手让他自己端着杯子往嘴里送，要注意杯子中的水温适度，水量也要由少到多。

自然断奶，妈妈和宝宝少遭罪

每一位妈妈都希望能给宝宝足够的母乳，让宝宝健康、快乐地长大。不过母乳虽好，但总有断奶的那一天，无论是自然断奶还是被迫断奶，怎样在保证宝宝正常生长的前提下给宝宝断奶，都是每一位妈妈的必修课。

鼓励妈妈和宝宝自然断奶

由于母乳的种种好处，世界卫生组织以及多国政府都建议，只要母亲和宝宝需要，母乳可以喂到宝宝2岁，甚至更久。但是，我们必须看到这样的事实：母乳喂养有好处，但不能无限期地吃母乳。

所以，不管是对妈妈还是对宝宝，断奶是一个必经的过程。那么，母乳喂多久对宝宝比较好呢？

满 1 周岁以后自然断奶是可以的

很多研究结果都显示，在一定的时间范围内，哺乳有着重要的健康意义，但超过这个时间范围，就不再有额外的好处。而这个时间范围，综合很多哺乳和疾病的研究结果来看，在宝宝1岁左右。

满1周岁后，宝宝可以很好地吃辅食了，食物种类也变得几乎和大人一样丰富了，母乳虽然依然能够提供很好的蛋白质和其他营养，但不再是主食，它的营养意义自然退居二线，这也是很多权威机构都建议至少母乳喂养到1岁的原因。1岁后，尊重母亲和宝宝的意愿，继续喂到宝宝不想吃母乳了为止，也就是自然断奶。

但必须保证一个前提，即宝宝的生长曲线呈正常的增长趋势。在日常喂养中要调节好母乳与辅食的关系，在保证宝宝营养摄入充分的前提下，延长母乳喂养的时间。母乳喂养的目的是使宝宝健康成长，所以妈妈既不能轻易放弃母乳喂养，也不能患上“母乳喂养强迫症”。

最好在2岁左右彻底断奶

不过，断奶也不能太晚。太晚，容易形成小儿恋奶心理，不利于其心理健康发育。

综合以上意见，我们建议在宝宝2岁左右彻底断奶，此前应供给宝宝营养均衡的食物。当然，断奶以后乳类依然不能少，只是不吃母乳了。不过，断奶时还需考虑到宝宝和妈妈的具体情况，如果宝宝此时生病了，是不建议断奶的。

不主张突然断奶

突然断奶可能导致妈妈乳房胀痛、患乳腺炎，也影响宝宝的情绪，甚至让宝宝没有安全感。妈妈是宝宝小小世界里非常信赖和亲密的人，宝宝很难理解并接受突然不能吃奶这个现实。宝宝会认为妈妈不再爱他，容易使宝宝缺乏安全感，从而出现行为变化，甚至身体上的不适，比如咬人、粘人等。

如果因为妈妈或宝宝的身体原因不得不给宝宝断奶，也需要给宝宝一个适应的过程。

断奶，说一说妈妈的动机和困扰

或由于妈妈自身的原因，或考虑到宝宝的实际情况，或仅仅是觉得该断奶了……每一位妈妈的断奶动机都不一样，面临的困扰也不一样。下面我们就一起来看看妈妈常见的断奶动机和困扰。

宝宝厌奶

这一点，要分情况做决定。通常，1岁以内的宝宝有厌奶现象通常是暂时的，并不是断奶的信号，妈妈不能随便给宝宝断奶。1岁以上的宝宝出现厌奶的现象，如果宝宝的各项发育指标都正常，给宝宝断奶也是可以的，但配方奶或牛奶等乳类不能缺少。

宝宝身高体重不达标

1～2岁的宝宝，如果身高体重不达标，通常与家长的喂养方式不正确有关，而与有无断奶的关系并不大。一般，0～6个月的婴儿如果是纯母乳喂养，排除不正确喂养方式的原因，应考虑母乳的量是否不够，如果不够可在母乳喂养的基础上供给适量的配方奶；7～12个月的婴儿，应及时给宝宝添加辅食，但母乳是不可断离的。1岁以上的宝宝，如果身高体重不达标，应咨询医生的意见。

要上班了，得给宝宝先断奶

上班并不代表断奶，如果条件允许，妈妈可以做到既上班又哺乳。只要合理安排好时间，上班期间坚持挤奶，就可以给宝宝提供必要的母乳了。

断了奶带起来更轻松

断奶以后，带宝宝出门能避免在外喂奶的尴尬，而且不用时时刻刻哺乳，更不需要起夜哺乳，这会让妈妈感到轻松很多。但也有些妈妈觉得，给宝宝喂母乳更方便，只要宝宝想吃就可以喂。不管哪种说法，宝宝的健康才是第一位的，因此，要根据情况适时给宝宝断奶。

不想乳房变形

有些妈妈担心哺乳太久会导致乳房变形，所以想尽早给宝宝断奶，甚至从一开始就不给宝宝哺乳。其实，只要坚持正确的哺乳方法，哺乳期进行适当的胸部锻炼并适时佩戴合适的胸罩，就不会导致乳房变形、萎缩。

不同年龄段宝宝的断奶策略

掌握一些断奶技巧，可以让妈妈的断奶顺利一些。一般而言，宝宝大小不同，生长发育状况不同，采取的断奶策略也不同。

1 岁以内的宝宝

1岁以内的宝宝一般不主张断奶，但是也有不得已的情况。此时，以下方法可以帮助到妈妈。

- 供给适合宝宝的配方奶和辅食，同时选择适合宝宝月龄并容易被宝宝接受的餐具。
- 让小月龄宝宝适应奶瓶喂奶，如果宝宝超过6月龄或宝宝不接受奶瓶，可以尝试用水杯喝奶。
- 妈妈要逐渐减少哺乳次数，每2～3天减少一次哺喂，用配方奶替代，避免突然断奶。

1 岁以上的宝宝

对于 1 岁以上的宝宝，如果妈妈因为某些原因需要断奶，而宝宝又能自然地、主动地断奶，当然是再好不过。但很多宝宝需要妈妈的引导才能顺利度过断奶期。

→ 哺乳采取“不主动提供，但也不拒绝”的策略。在此基础上逐渐减少哺乳次数，把哺乳间隔的时间逐渐拉长，并缩短每次哺乳的时间，给宝宝一个适应的过程。

→ 培养宝宝定时、定量进餐和进食配方奶的习惯，保证营养供给。

→ 适当改变日常作息，远离吃奶环境，比如妈妈避免在宝宝面前换衣服，不在经常吃奶的地方玩耍等。

→ 在断奶过程中鼓励爸爸多陪宝宝玩耍，多给宝宝讲故事。

不建议断奶的情况

如果恰逢宝宝生病、出牙，或是搬家、妈妈要去上班等事情，应暂缓断奶计划。因为，如果在此时宝宝的身体或情绪都较为脆弱的情况下，贸然断奶或改变喂养方式，会加重宝宝的身体负担，甚至导致健康状况恶化，给以后的断奶增加难度。夏天天气炎热时也不宜断奶，因为夏天宝宝胃肠道消化功能弱，容易引起宝宝消化不良。

总而言之，在宝宝非常需要母乳营养和妈妈的情感支持时，不建议断奶。

循序渐进断奶，不建议“排空”乳房

断奶后，很多妈妈有“排残奶”的想法，担心停止哺乳后多余的乳汁滞留在体内会导致疼痛和疾病。其实，只要坚持科学、循序渐进地断奶，乳房产生的乳汁会越来越少，每日喂1～2次时就可以不胀奶、不疼痛、顺利断奶，没有必要“排残奶”。自然断奶后，用手还能挤出乳汁，但这些乳汁是可以被身体自然吸收的。相反，根据泌乳原理，乳汁是越刺激越多的，挤得越多，产得越多，只会让乳腺组织延迟“退休”。很多妈妈在断奶时出现乳汁淤积，产生疼痛和不适，有时候甚至发生乳腺炎，这与断奶方式不正确，过快停止哺乳有关。

一般循序渐进地断奶不需要特殊的回奶方法。如果停止哺乳后乳房胀痛，可以通过用吸奶器吸奶或用手挤奶等方式排出部分乳汁，缓解乳房压力；也可以采用冰敷乳房或口服止痛药缓解胀痛。如果因身体情况需要快速停止泌乳，医生会建议妈妈减少液体摄入量，使用乳房外敷芒硝、口服药物等方式直接抑制泌乳功能。

辅食添加，根据宝宝的发育一步步来

宝宝长到 6 个月以后，母乳或配方奶已经无法满足其营养需求了，宝宝自身也会发出一系列该添加辅食的信号，告诉妈妈是时候尝试新食物了。辅食添加，需要遵循宝宝的生长发育情况，一步步进行。

辅食，让宝宝学会自己吃饭的关键一步

婴幼儿的辅食，指的是除了母乳、婴幼儿配方奶以外的食物，包括米汤、米粉、汁、泥、糊等所有液体和固体类食物。适时添加辅食，能补充宝宝成长所需的营养，锻炼宝宝的咀嚼能力，健全宝宝的内脏和消化功能，还能让宝宝品尝并记住食物的味道，是让宝宝学会自己吃饭的关键一步。

满 6 月龄添加辅食

中国营养学家已经达成共识，建议宝宝满6个月后（出生后满180天）开始添加辅食。但月龄不是唯一的参考标准，宝宝的发育有个体差异，因此，具体添加辅食的时间还需根据宝宝的发育状况而来。对于早产宝宝来说，他们容易出现营养不良或免疫力较差的情况，可在咨询医生之后尽量延长纯母乳喂养的时间，并参考矫正月龄添加辅食。一般不早于矫正月龄4个月，不迟于矫正月龄6个月。矫正月龄=出生后月龄－（40－出生时孕周）/4。例如：孕32周出生的小宝宝，现已出生3个月，那么他的矫正月龄就是3－（40－32）/4=1个月。矫正月龄使用到孩子满24个月时。

刚开始添加辅食时，妈妈一定要把握好奶与辅食的比例。1岁以内必须以奶为主食，辅食添加的目的在于补充母乳喂养所造成的营养摄入不足，同时锻炼宝宝的咀嚼、吞咽及独立进食的能力，逐步过渡到幼儿饮食、成人饮食。

从富含铁的泥糊开始，逐步做到食物多样

随着宝宝慢慢长大，身体所需的营养逐渐增多，妈妈的乳汁已经难以满足。这时为宝宝添加辅食就势在必行，但哪种食物才是宝宝初尝味道的首选？妈妈别纠结，富含铁的泥糊是首选。

当宝宝长到6个月左右时，从母体获取的铁元素含量减少，且妈妈乳汁中的铁元素含量甚微，比起进入身体加速期铁的需求，母乳显得“力不从心”。此时添加必要的富含铁元素的宝宝辅食就尤为重要。将食物加工成泥糊状，既适应了此阶段宝宝的口腔状况，而且易于消化吸收，不易过敏，宝宝的接受程度高。因此，将富含铁的泥糊作为宝宝辅食的首选是明智的选择。

选择好宝宝的“第一口”食物远远不够。为了让宝宝成功接受辅食，也为了宝宝的茁壮成长，妈妈还需依据宝宝的胃肠功能和消化情况以及牙齿发育情况和咀嚼能力等，循序渐进地添加辅食，具体的原则如下。

由少到多：1/8→1/4→1/2

由稀到稠：米汤→米糊→稀粥→稠粥→软饭

由细到粗：蔬菜汁→蔬菜泥→碎蔬菜→菜叶片→菜茎

刚开始添加辅食时，每次应只添加一种食物，并细心观察宝宝尝试新食材后的情况：如果宝宝接受良好，则可以继续尝试新的食物；若宝宝出现身体不适，腹泻或大便里有较多黏液等情况时，要立即暂停添加。此外，还要关注宝宝是否有呕吐、皮疹等过敏现象，鸡蛋清、牛奶等是易过敏食物，应谨慎添加。一旦宝宝出现过敏反应，要找出导致过敏食物，并停止食用，严重时要及时去医院就诊。

跟着宝宝的成长脚步，循序渐进喂辅食

辅食的添加一定要遵循循序渐进的原则，以适应宝宝身体发育的需要。下面分阶段介绍宝宝的发育特点和辅食应如何准备，供妈妈参考。

6个月 宝宝可以试着吞咽流质或泥糊状食物

6个月的宝宝初次添加辅食，主要是让宝宝熟悉和适应母乳和配方奶之外的食物。开始时，可每天喂一次辅食，食物的种类要单一（方便找出导致过敏的食物），然后逐渐增加到一日喂两次。食物可以是米汤、稀粥、蔬菜汁、蔬菜泥、果泥等。

7～8个月 宝宝可以用舌头将食物挤至上腭并搅碎，吞下

此阶段宝宝一天能吃两顿辅食，也开始出牙，不能直接吞咽的较硬食物，只要柔软，宝宝就能用舌头将其搅碎。现在宝宝的食物品种可以丰富一些了，鸡胸肉、鱼肉、奶制品等都可以细加工后放入辅食中。也可以给宝宝一些磨牙棒，缓解宝宝长牙的疼痛感，还可促进宝宝口腔发育。

9～12个月 宝宝可以用牙齿咀嚼食物了

此阶段宝宝需要从辅食中吸取足够的营养，辅食可以一日添加三顿，而且要注重营养搭配，但此时奶依然不可少，而且以奶为主。大部分宝宝已经长出乳牙，所以给宝宝的辅食可以硬一些、大一些，以锻炼宝宝的咀嚼能力。

13～18个月 宝宝可以嚼碎更多的食物，并能自己吃饭了

此阶段，宝宝的绝大部分营养都来自辅食，逐渐从“以奶为主食，辅食为辅”过渡到“以辅食为主，以奶为辅”，但奶万万不可少。这时，妈妈可以给宝宝准备各种不同口感的食物，让宝宝的咀嚼能力更强，逐渐学会自己吃饭。不过给宝宝的食物依然要清淡、柔软。

19～36个月 宝宝可以跟大人一样灵活地咀嚼和吞咽食物了

这一阶段的宝宝进入幼儿期，能吃的食物种类不断增多，可以和大人一样进食一日三餐了。妈妈在为其准备丰富多样的食物的同时，还应注重营养均衡，并让宝宝养成良好的饮食习惯。

每天吃多少，以宝宝的发育为标准

到底每天该给宝宝吃多少辅食，是很多妈妈都面临的问题之一。每个宝宝的发育情况都不相同，饭量大小也不同，具体吃多少，还应以宝宝的实际发育为准。

不同月龄的食量参考标准

从宝宝6个月开始，妈妈就可以给他添加适量辅食了。无论是辅食的种类还是数量，都应遵循宝宝的发育情况，循序渐进地添加。下面列举了不同月龄宝宝的食量标准，供新妈妈参考。

→ 宝宝6个月：一天喂一次辅食，每次60～100克，辅食与奶的比例为1∶9。

→ 宝宝7～8个月：一天喂两次辅食，每次80～120克，辅食与奶的比例为2∶8。

→ 宝宝9～12个月：一天喂三次辅食，每次120～180克，辅食与奶的比例为3∶7。

→ 宝宝13～18个月：一天吃三餐，每次180～200克，另外在三餐中间要加餐，辅食与奶的比例为6∶4。

→ 宝宝19～36个月：一天吃三餐，无固定克数，三餐之间要加餐，辅食与奶的比例为9∶1。

学会绘宝宝生长曲线

绘制宝宝的生长曲线图，定期检测宝宝的体格指标，有利于及时发现宝宝成长过程中存在的问题，防患于未然。家长可以每个月为宝宝测量一次身高、体重、头围以及身体质量指数，然后对照年龄列，将照测量的数字画在生长曲线图上，连续测量几次后，将这些数据连接起来的曲线，就是宝宝的生长曲线。

给宝宝做好饮食记录

有时间和精力的妈妈，从宝宝开始吃辅食时起，可以为他精心制订一个饮食记录表，记录下宝宝每天所吃的食物名称、数量以及进食时间，不仅方便安排宝宝的每日均衡饮食，还能从中寻找可能影响宝宝成长发育的因素，是一件一举两得的事情。

宝宝过敏，怎么吃才不缺营养

宝宝的胃肠道比较脆弱，稍有不慎，就会发生过敏现象。特别是刚开始添加辅食的时候，更是宝宝食物过敏的高发期，妈妈需要引起重视。

宝宝容易过敏的原因

过敏是宝宝免疫系统抵御外界刺激的正常反应。有些宝宝会对某些食物过敏，也有些宝宝产生过敏与家族遗传有关。其中，导致食物过敏的原因主要是食物进入人体后，在咀嚼和消化酶的作用下，食物颗粒由大变小，最后成为糜状。正常情况下，糜状食物会被吸收，为人体提供养分，而大的颗粒就被当作废物排出体外。如果肠壁细胞之间有缝隙，一些大的食物颗粒也会穿过肠壁，被血液直接吸收，这会刺激人体的免疫细胞，导致出现过敏反应。

宝宝的肠道尚未发育成熟，再加上刚出生时肠道内是无菌环境，出生后慢慢建立肠道菌群，这就无法使肠道表面形成保护膜，所以更容易过敏。

宝宝产生过敏反应后会出现腹痛、腹泻、腹胀，以及咳嗽、哮喘等轻度或严重的呼吸困难、皮肤瘙痒、湿疹……有些宝宝还会出现烦躁、哭闹或嗜睡等现象。

容易引发过敏的食物

一般而言，容易引起宝宝过敏的食物主要有鸡蛋、牛奶、面粉、坚果、大豆、鱼、虾蟹、贝类、花生、西红柿、牛肉、芒果、草莓等。

温馨提示

妈妈要对宝宝的饮食严格把关，在刚添加辅食时，尽量避开以上这些容易过敏的食物。另外需要提醒妈妈的是，过敏反应大多速发，如果宝宝吃下食物马上有皮肤红肿、瘙痒等情况发生，一定要及时带他到医院就医，千万不能耽误病情。

科学预防和应对食物过敏

食物过敏的危害不容小觑，掌握科学预防和应对之法，可以为妈妈省去很多不必要的麻烦。

- 给宝宝吃的食物一定要熟透。研究表明，食物熟透后导致过敏的概率会降低。
- 遵循不同时期由少到多、由单一到丰富的原则，开始添加辅食时先尝试一种食物，如果连续 3～5天都没有过敏反应，则可以在往后制作辅食时放心加入此样食材。
- 细心观察和耐心记录宝宝吃辅食后的反应，如有腹泻、呕吐或出疹子等现象，应立刻停止喂此类辅食。
- 确认某种食材过敏后2个月后再次尝试之前过敏的食材。

有些妈妈因为害怕宝宝食物过敏而一直控制某种食材的喂食量。殊不知，这些食物中含有宝宝成长过程中不可缺少的营养素，这种做法是不可取的。妈妈应先判断食物是否有导致过敏的风险，如果无过敏反应，切勿自行判断；如果过敏，换成同样营养成分含量丰富的其他食材。即使宝宝在辅食添加的初期对某种食物过敏，也不用过于担心。婴幼儿期的很多过敏都会随着年龄的增长而逐渐得到改善。在3岁之前，只有50%的宝宝可以吃鸡蛋、牛奶、大豆等，6岁之前，80%～90%的宝宝都可以吃了。不过，对虾蟹以及一些水果过敏，可能会伴随一生。

如何保证过敏宝宝的营养

在宝宝过敏期间，妈妈应为其提供易于消化的、清淡的、不易引起过敏的食物，如米粉、米汤等，还可以为其提供富含维生素C的蔬菜和水果，增强宝宝身体的抵抗力，加快身体痊愈。

此外，也可以选择适量富含维生素和植物蛋白质的食物，如胡萝卜、圆白菜、西蓝花、糙米等，这些食物有预防和减轻过敏的作用。

宝宝天天用的餐具，你选对了吗

宝宝开始添加辅食的时候，爸爸妈妈就要开始给宝宝准备餐具了。总的来说，婴儿餐具宜选择颜色浅、形状简单、花色较少的，这样容易发现污渍，便于清洗和消毒；材质宜选用耐高温、无毒、重量轻、不易碎的，不会伤害到宝宝，也方便进食。

→ 食用碗：跟普通碗差不多，宜选用漂亮、平底、不易洒出汤水的防滑碗。

→ 吸盘碗：底部有吸盘设计，能够将碗固定在餐桌上，可以避免宝宝在吃饭时打翻饭碗。

→ 硅胶勺：勺头以硅胶为原料，无毒无味、耐高温、质地柔软，不易伤害到宝宝的口腔。

温馨提示

由于3岁以内的宝宝还不能完全协调手部肌肉，建议刚开始培养宝宝自主进食时，尽量选择硅胶勺，等宝宝稍大一些再使用筷子。

注重饮食卫生、食品安全和进食安全

饮食卫生与安全是保证宝宝安全摄取营养的重要内容，特别是宝宝开始添加辅食以后，作为家长，始终要做好宝宝的饮食卫生与安全监督工作。

→ 尽量不要选择市售的加工食品作为宝宝的辅食，建议亲手制作辅食。

→ 宝宝的辅食要单独制作，所用的器皿以及装辅食的容器，一定要消毒杀菌。

→ 用来制作辅食的食材一定要彻底洗净，并保证新鲜，让宝宝吃得安全。

→ 辅食的保存要得当，可用洗净的冰格冷冻盒保存，并用保鲜膜覆盖。

→ 宝宝吃辅食之前，妈妈要帮他将手洗干净，并为其提供安静、卫生的进餐环境。

宝宝挑食或拒食，父母怎么办

在宝宝添加辅食和逐步断奶的过程中，会不自觉地养成一些不好的饮食习惯，常见的就是挑食或拒食。此时，父母该怎么办才能保证宝宝的营养和健康呢？

- 对于宝宝不喜欢吃的食物，妈妈可以变换烹调方法。比如，将他不喜欢吃的食物煮烂，然后掺杂在喜欢吃的食物里面，让宝宝不知不觉吃下去。
- 隔段时间再次尝试喂宝宝不喜欢的食物，如果宝宝还是不喜欢吃，则可以用同一营养类别的其他食材代替。例如，宝宝排斥喝牛奶，可以加大辅食中肉、蛋、鱼虾的比例，保证其摄入充足的优质蛋白质。
- 偏食、挑食、厌食等容易导致微量元素缺乏，特别是容易缺锌。缺锌可反过来影响食欲，导致微量元素和其他营养素摄入不足。因此，必要时要注意给宝宝补锌。
- 妈妈可以为宝宝准备多种餐具，隔一段时间换一种餐具来提升宝宝进食的兴趣，让宝宝爱上吃饭。

宝宝辅食调味品该如何添加

关于宝宝辅食调味品的添加，有很多讲究。毕竟宝宝年龄尚小，肠胃系统发育不完善，如果添加不当会影响身体健康。因此，爸爸妈妈一定要重视宝宝辅食中的调味品。

一般而言，给宝宝的辅食应该清淡，少调料，尽量多让宝宝品尝食物天然的味道。尤其是1岁以内的宝宝，应尽量做到无调料，以免给宝宝的肾脏和消化系统造成负担。下面我们将逐条介绍不同调味品的添加准则。

盐

1岁以内不需要加，1～3岁加盐要控制在2克/天以内。

油

建议添加辅食以后每餐添加1～2滴植物油。

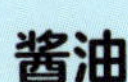

酱油

应该在1岁以后再添加，每餐添加1～2滴即可，但酱油中盐含量要计入全天食盐摄入总量。

糖

1岁以后可以加少许糖，而且一生都尽量少吃糖。

醋

建议在宝宝2岁以后再添加。如果某些特定食物需要醋调味，可以加少许。

学会这些“小套路”，让宝宝爱上喝水

水是人体生命活动不可或缺的物质，从宝宝开始添加辅食后，就要补充水分了。刚开始吃辅食的宝宝，可以在进食后或两餐间补充温水。随着宝宝渐渐长大，饮水量也要随之增加。但是，如果宝宝不爱喝水，妈妈该怎么做呢？下面这些“小套路”或许可以助你一臂之力。

和宝宝玩喝水游戏

妈妈可以找来两只同样的杯子，在每只杯子里倒上同样多的水，一只杯子给宝宝，一只杯子给自己，然后和宝宝一起玩“干杯”游戏。

实行鼓励策略

平时多对宝宝说“宝宝好乖，喝了水就不渴了”等，宝宝会为了受到夸奖而要求喝水。

为宝宝树立榜样

榜样的力量是无穷的。任何习惯的培养，都离不开家长的引导与示范。爸爸妈妈可以在喝水的时候故意跑到宝宝面前，并做示范，引起宝宝的注意，让他效仿。

利用喝水的工具

家长可以给宝宝准备几个带有他喜欢的图案的杯子或水瓶，轮换着喂宝宝喝水，或者用不同形状的器皿装水给宝宝喝。对喜欢的东西，宝宝一般不会拒绝。经常变换喝水的工具，会让宝宝觉得新鲜有趣，从而喜欢上喝水。

让宝宝爱屋及乌

用宝宝喜欢的人物形象来编故事，引导宝宝爱屋及乌，多喝水。例如，宝宝喜欢小猪佩奇，就给他编一个小猪佩奇喝白开水的故事。

给宝宝准备零食，你做对了吗

除了辅食之外，妈妈还需要为宝宝准备适量零食。宝宝吃零食有很多讲究，妈妈学习一下，有利于给宝宝更完善的饮食照护。

尽量清淡、营养、健康

给宝宝准备的零食，应坚持少油低糖的原则，尽量口味清淡但营养丰富。因为宝宝年纪尚小，肠胃功能远不如大人完善，如果所吃的零食过于重口，会影响身体的消化吸收和健康成长。妈妈可以选择水果、小饭团、原味坚果、牛奶、酸奶等，避免给宝宝食用高热量食品。

提供方便抓握的零食

随着认知能力和精细动作的进一步发育，宝宝能很好地抓握东西了。此时，妈妈最好给宝宝提供方便抓握的零食，如黄瓜条、磨牙棒等，不仅能满足宝宝的口腹之欲，还能锻炼他的手部力量。

坚持少食多餐

宝宝的胃与成年人的胃不同，容量很小，容易填满，而一次吃太多又很容易导致宝宝积食，影响食物的正常吸收和宝宝身体健康。为此，我们建议妈妈给宝宝提供零食时采取少食多餐的饮食原则，在上午和下午增加一次点心，如果早饭吃得较晚，可以只在下午喂一次点心，但要注意种类和数量，尽量是不影响吃正餐的清淡的零食，如酸奶（1岁后才能吃奶制品）等。

零食不能喧宾夺主

零食只能用来补充营养和热量的不足，不可取代主食和正餐的地位。如果因为宝宝不愿意吃饭，就让他用零食来代替正餐，这样只会造成宝宝更加不愿意吃饭。因此，家长应该培养宝宝良好的进食习惯，比如喂水果，可在喂完奶或者吃完饭之后再喂，因为大部分水果含糖量较高，会影响宝宝的食欲。

控制宝宝吃零食的时间

可在每天两正餐之间给宝宝添加一些零食，但是餐前1小时内不宜给宝宝吃零食，以免影响宝宝正常吃饭。

掌握实用补血知识，不必担心宝宝贫血

铁是人体必不可少的营养元素之一，宝宝缺铁就会贫血，直接影响身体健康和生长发育。掌握下面的实用补血知识，可以解除新手爸妈关于宝宝发生缺铁性贫血的担忧。

预防宝宝缺铁性贫血，主要在于补铁。补铁首选食补。从宝宝开始添加辅食起，妈妈就要注意宝宝膳食中铁的含量，把食物补铁放在重要的位置。日常食物中所含的铁通常可分为两类。一类是血红素铁，主要存在于动物性食物中，如动物血、动物肝脏、瘦肉等，这类食物中的铁吸收率高，一般在10%或以上，而且不易受膳食中干扰因素的影响。另一类是非血红素铁，主要存在于植物性食物中，如绿叶蔬菜、豆类、干果类等。这类食物中的铁吸收率较低，通常在10%以下，且容易受到膳食中干扰因素的影响，如烹饪方式、食物搭配等。

如果有必要，除了食补之外，家长还可以在医生的指导下给宝宝服用适量铁剂。小儿补充铁剂时，铁剂不宜放置过久，宜在饭后服用，且不建议与牛奶同服，以免影响补铁效果。

正确补充维生素 D

一般而言，婴幼儿不需要额外补充钙，但要正确补充维生素 D，以促进钙的吸收。维生素 D 的补充主要途径是通过太阳光中的紫外线照射人体皮肤后合成。

在宝宝出生后几天，就可以开始给他补充维生素 D 了，建议每天补充 400 国际单位，至少补充到宝宝 2 岁以后。目前，也有研究主张人一生都要补充维生素 D。此外，还应多带宝宝去户外晒晒太阳。

学会正确加工辅食

宝宝辅食与大人食物的制作有很多不同之处，学会正确加工这些食物，才能更好地保留食材的每一份营养。

清洗	大型叶菜类，先除去外叶，洗完再切；小型叶菜类先去除腐叶，将叶子一片片剥开后，再用水泡15分钟，然后洗净再切；十字花科类，先切成食用大小，再用水泡15分钟；像黄瓜等表面不平滑的蔬菜，建议用软毛刷轻轻刷洗；小型或中型水果，先用水泡10分钟再洗。
刀切	切肉时，先剔除肥肉和筋腱，再用小肉锤将肉纤维敲散，运刀方向与肉纤维呈90度。如果是鱼，建议剔除鱼刺；新鲜蔬果洗净后去皮，再切。
烹饪方式	大部分食材都可以蒸，用电饭锅或普通蒸锅蒸熟即可；煮蔬菜时，根茎类用冷水煮，叶菜类用沸水煮。煮肉时一般用沸水，但鸡肉和大肉块需用冷水煮，便于去除血水与切碎。鱼肉则需要用沸水或煮沸的汤汁烧煮。辅食通常采用蒸煮这些少油的烹饪方式。
榨汁	榨汁前先将食材洗净，需去皮的去皮，然后用榨汁器直接榨取果汁，也可以用榨汁机将蔬果打碎后滤取果汁。
研磨	将食物蒸或煮熟后用研磨器捣（或磨）成泥。研磨的工具除了研磨碗外，还可以用磨泥板、压泥器、汤匙、叉子等。
过滤	用滤网将食材中不利于宝宝吞咽的渣子去除，即为过滤。过滤蔬菜时，可以先将其煮熟，切碎后再过滤；过滤需要去皮的小型水果时，如圣女果，可以先将水果的肉质过滤，留下果皮；过滤南瓜及薯类食物时，趁热过滤更容易一些。

雪梨稀粥

原料

水发米碎（大米碎，颗粒较小，更适合制作辅食）100 克，雪梨 65 克。

做法

1. 洗好的雪梨切开，去皮、去核，把果肉切成小块。
2. 将切好的雪梨块装入碗中，待用。
3. 取榨汁机，选择搅拌刀座组合，倒入雪梨块，注入少许清水，盖上盖。
4. 通电后选择“榨汁”功能，榨取果汁。
5. 断电后倒出雪梨汁，过滤到碗中备用。
6. 砂锅中注水烧开，倒入水发米碎，拌匀。
7. 盖上盖，烧开后用小火煮约 20 分钟至熟。
8. 揭开盖，倒入雪梨汁拌匀，用大火煮 2 分钟，盛出即可。

土豆稀粥

原料 米碎 90 克，土豆 70 克。

做法

1 去皮的土豆切小块，放在蒸盘中，待用。
2 蒸锅上火烧开，放入装有土豆的蒸盘。
3 用中火蒸 20 分钟至土豆熟软，放凉待用。
4 将放凉的土豆压碎，碾成泥状，装盘待用。
5 砂锅中注入适量清水烧开，倒入备好的米碎，搅拌均匀。
6 烧开后用小火煮 20 分钟至米碎熟透，倒入土豆泥。
7 搅匀，继续煮 5 分钟，盛出。

香蕉泥

原料 香蕉 70 克。

做法

1 香蕉去皮。
2 用刀面把香蕉压成泥状。
3 把压好的香蕉泥装入碗中即可。

南瓜泥

原料

南瓜200克。

做法

1 洗净去皮的南瓜切成片，取出蒸碗，放入南瓜片，备用。
2 蒸锅上火烧开，放入蒸碗。
3 盖上盖，烧开后用中火蒸15分钟至熟。
4 揭盖，取出蒸碗，放凉待用。
5 取一个大碗，倒入蒸好的南瓜，压成泥。
6 另取一个小碗，盛入做好的南瓜泥即可。

甜南瓜胡萝卜稀粥

原料

胡萝卜 120 克，南瓜 90 克，
水发米碎 100 克。

做法

1 南瓜肉切小块，胡萝卜切粗丝，备用。
2 蒸锅上火烧开，放入切好的南瓜块、胡萝卜丝。
3 用中火蒸约 15 分钟，取出食材，放凉后碾成泥。
4 砂锅中注入适量清水烧开，倒入备好的水发米碎，拌匀。
5 烧开后用小火煮约 25 分钟至熟，倒入胡萝卜泥、南瓜泥，拌匀，用大火煮至粥入味。
6 盛出煮好的稀粥即可。

紫薯粥

原料 水发大米100克，紫薯75克。

做法

1. 洗净去皮的紫薯切片，再切条，改切成小丁，备用。
2. 砂锅中注入适量清水烧开，倒入洗净的大米，搅拌匀。
3. 盖上盖，烧开后用小火煮约30分钟。
4. 揭开盖，倒入切好的紫薯，搅拌均匀。
5. 再盖上盖，用小火续煮约15分钟至食材熟透，盛出即可。

小米胡萝卜泥

原料 小米50克，胡萝卜90克。

做法

1. 洗净的胡萝卜切片，改切成粒，装盘备用。
2. 锅中注水，倒入洗好的小米，拌匀加盖，将小米煮熟。
3. 揭盖，将小米盛入滤网中，滤出米汤，备用。
4. 把胡萝卜片放入烧开的蒸锅中，蒸熟。
5. 揭盖，将胡萝卜片取出，倒入榨汁机中，再加入米汤。
6. 盖上盖子，榨取浓汁，将榨好的浓汁倒入碗中即可。

苹果红薯泥

原料 苹果 90 克，红薯 140 克。

做法

1 将洗净的红薯去皮，切成块；将洗净去皮、去核的苹果切小块，装盘待用。
2 将红薯瓣、苹果块放入烧开的蒸锅中，蒸熟。
3 揭盖取出蒸熟的苹果块、红薯块取出。
4 将红薯块倒入碗中，用汤匙把红薯压成泥，再倒入苹果块，压烂，拌匀。
5 取榨汁机，把苹果红薯泥舀入杯中，选择搅拌功能，将果泥搅匀。
6 将制作好的苹果红薯泥装入碗中即可。

大米南瓜粥

原料 南瓜、大米各 50 克。

做法

1 将南瓜清洗干净，削皮，切成碎粒。
2 将大米清洗干净放入小锅中，再加入 400 毫升的水。
3 用中火烧开，转小火继续煮制 20 分钟。
4 将切好的南瓜粒放入粥锅中，小火再煮 10 分钟，至南瓜软烂即可。

鸡肉口蘑稀饭

原料

鸡胸肉90克，口蘑30克，上海青35克，奶油15克，米饭160克，鸡汤200毫升。

做法

1. 洗净的口蘑切片，再切条形，然后切成小丁。
2. 洗好的上海青切去根部，再切丝，然后切成丁。
3. 洗净的鸡胸肉切片，再切丝，然后切成丁，备用。
4. 砂锅置于火上，倒入奶油，翻炒至溶化。
5. 倒入切好的鸡胸肉丁，炒匀、炒香。
6. 放入口蘑丁、鸡汤、米饭，炒匀、炒散。
7. 盖上盖，烧开后用小火煮约20分钟。
8. 揭开盖，放入上海青丁，煮熟，盛出即可。

胡萝卜白米香糊

原料

胡萝卜100克，大米65克。

调料

盐2克。

做法

1. 胡萝卜洗净，切丁，装盘备用。
2. 取榨汁机，选搅拌刀座组合，把胡萝卜放入杯中，向杯中加入适量清水。
3. 选择"搅拌"功能，将胡萝卜丁榨成汁，盛入碗中。
4. 选干磨刀座组合，将大米放入杯中，选择"干磨"功能，将大米磨成米碎。
5. 奶锅置于火上，倒入胡萝卜汁，用大火煮沸。
6. 轻轻搅拌几下，倒入米碎，搅匀；调入适量盐，煮成米糊。
7. 起锅，将煮好的米糊盛出，装碗即可。

猪肝瘦肉泥

原料

猪肝 45 克，猪瘦肉 60 克。

调料

盐少许。

做法

1. 处理干净的猪瘦肉、猪肝切薄片，剁成肉末、肝末，备用。
2. 取一个干净的蒸碗，注入少许清水，倒入猪肝末、瘦肉末，加入少许盐，搅匀。
3. 将蒸碗放入烧开的蒸锅中，将其蒸熟取出，搅拌几下，使肉粒松散。
4. 另取一个小碗，倒入蒸好的瘦肉猪肝泥即可。

胡萝卜菠菜碎米粥

原料

胡萝卜 30 克，菠菜 20 克，
软饭 150 克。

调料

盐 2 克。

做法

1. 将洗净的胡萝卜先切片，再切成丝，最后切成粒。
2. 洗好的菠菜切丝，再切碎。
3. 锅中注水烧开，倒入适量软饭，拌匀。
4. 用小火煮 20 分钟至软饭熟烂。
5. 倒入切好的胡萝卜粒，搅拌匀。
6. 放入备好的菠菜碎，拌匀煮沸，加少许盐，拌匀调味。
7. 将锅中煮好的粥盛出，装入碗中即可。

清蒸豆腐丸子

原料

豆腐 180 克，鸡蛋 1 个，
面粉 30 克，葱花少许。

调料

盐 2 克。

做法

1. 将鸡蛋打入小碗中，取出蛋黄，放在小碟子中，待用。
2. 把洗净的豆腐装入大碗中，搅碎，倒入蛋黄，搅匀。
3. 再调入盐，撒上葱花，搅拌至盐化开。
4. 倒入适量面粉，搅成糊状，拌匀至起劲，制成面糊。
5. 取一个干净的盘子，抹上少许食用油。
6. 将面糊制成大小适中的豆腐丸子，装入盘中，摆好。
7. 蒸锅上火烧开，放入装有豆腐丸子的蒸盘，加盖，大火蒸熟。
8. 关火后揭开盖，取出正好的豆腐丸子，摆好盘即可。

玉米虾仁汤

原料 西红柿70克，西蓝花65克，虾仁60克，鲜玉米粒50克，高汤200毫升。

调料 盐少许。

做法

1. 洗净的西红柿剁成末；洗好的玉米粒剁成末；西蓝花掰小朵，洗净。
2. 洗净的虾仁挑去虾线，再剁成末；洗好的西蓝花剁成末。
3. 锅中注水烧开，倒入高汤，搅拌一下，倒入西红柿末、玉米末，拌匀，加盖，煮沸后用小火煮约 3 分钟。
4. 揭盖，倒入西蓝花末，加盐、虾肉末，拌匀，用中小火续煮至全部食材熟透，盛出即可。

肉泥洋葱饼

原料 猪瘦肉 90 克，洋葱 40 克，面粉 120 克。

调料 盐 2 克。

做法

1. 用料理机将猪瘦肉制成肉泥，洋葱切粒。
2. 面粉倒入大碗中加入适量清水，搅匀，倒入肉泥，向一个方向搅匀，搅至面团起劲。
3. 加入洋葱粒，搅拌，撒盐，制成面糊。
4. 煎锅注油，烧至三成热，放入面糊，铺匀，压成饼状。
5. 用小火煎至面糊成型，两面熟透，盛出，放凉后切成小块即可。

Part 3

关注生活细节，给宝宝贴心的呵护

对宝宝的呵护，除了爱，还需要科学的方法和足够的耐心。

关注宝宝的日常生活细节，重视宝宝成长的一点一滴，

爱和陪伴是新手爸妈能给予宝宝最简单，也是最纯粹的力量。

护理新主张，给宝宝科学的爱

新手爸妈会不自觉地向“过来人”请教宝宝的护理问题，认为这些护理方法已经被前面的人实践过，是安全可靠的。殊不知，有些护理方法存在这样那样的问题，下面就一些常见的日常护理误区进行纠正，用新主张给新手爸妈们做一个参考。

给宝宝的穿衣量要适中

“有一种冷，叫奶奶觉得你冷”。老一辈人认为，宝宝容易受凉，于是就出现了即使天气暖和也想给宝宝多穿件衣服，以免着凉的情况。然而，这样的关爱往往会对宝宝造成伤害。新生儿的汗腺发育尚未完全，还不太会排汗，当大人误认为宝宝冷而给宝宝多穿了衣服时，不利于宝宝排汗，对身体健康无益。

新主张

如果想判断宝宝是否觉得冷，穿得是否够，可经常摸摸宝宝颈部。如果颈部温热，表示衣服刚好，宝宝身体温暖；如果温度低，则需要给宝宝添加衣服；如果有汗，则应给宝宝减一件衣服，并擦干身上的汗。

不要给新生宝宝戴手套

新生宝宝的手指甲过长容易划伤自己，同时也为了防止宝宝吸吮手指吸入致病菌，有的长辈们就会为新生宝宝戴上手套。手套虽然能防止宝宝抓伤自己，冬天还能起到御寒的作用。但是给新生宝宝戴手套会限制手指的活动，妨碍宝宝手指功能的自由发展，甚至阻碍宝宝大脑的发育。

新主张

在宝宝指甲过长时，应定期为他修剪指甲。修剪指甲应选择宝宝专用的工具，修剪前后要做好宝宝手指与修剪工具的消毒工作。此外，应勤给宝宝洗手，洗净擦干后要在宝宝手上给宝宝擦专用的婴儿润肤油，防止宝宝皮肤皲裂受损。

建议新生儿每天洗澡

老一辈认为天天给新生儿洗澡容易导致宝宝着凉受风、得病，于是不主张给宝宝天天洗澡。这种想法其实有失考虑，可以说这种做法是不太正确的。

新主张

新生儿的新陈代谢比成人旺盛，每天排尿排便的次数过多，再加上宝宝容易受大小便、灰尘、奶汁的刺激而发生炎症等。一旦发生皮肤破损的情况，细菌便乘虚而入，导致全身感染而危及生命。所以，每天给新生儿洗澡是没有错的，为了防止宝宝在洗澡时着凉生病，洗澡时应注意室温不能低于23℃。此外，洗澡的水温，冬天应控制在38～41℃，夏天控制在37～39℃。

按计划进行疫苗接种

由于疫苗的研发，许多困扰古人的疾病也做到可防可控了，如百日咳、天花等。所以，有些家长认为，既然疫苗接种好处多多，要给宝宝多接种几种疫苗，自己宝宝的健康就能得到更大的保障。出于这种心理，一部分家长就尽可能带宝宝多接种疫苗。然而，疫苗接种并非多多益善。每种疫苗针对的适应证、禁忌证以及不良反应都有区别，若贸然给宝宝接种疫苗，可能会对宝宝的健康产生影响。

新主张

国家规定的疫苗，只要宝宝没有禁忌证，一定要按时打。计划外的疫苗，根据具体的情况权衡利弊，自己选择。但是选择是否接种时，应弄清楚该疫苗是否适合自己的宝宝，以及该疫苗有哪些不良反应，宝宝适不适合打此类疫苗等。弄清楚了这些后还要找专业医生给予专业的意见，最后再决定是否给宝宝接种此种疫苗。

不宜摇晃宝宝入睡

老一辈喜欢在宝宝临睡前，抱着宝宝晃过来晃过去，他们认为这样宝宝更易入睡。其实，老一辈人的这种育儿经验对宝宝是有害处的。婴幼儿脑部发育还未完全，自我的平衡调节功能也尚不完善。频繁摇晃，会让宝宝的大脑受伤，造成脑内小血管破裂，引起“轻微脑震荡综合征”。轻者可造成宝宝智力低下、肢体瘫痪，重则使宝宝因为脑水肿、脑疝而死亡。

新主张

为了哄宝宝入睡，可以在临睡前给宝宝放一些轻柔的音乐，帮助宝宝平复心境、尽快入睡。还可以让宝宝躺好，轻拍宝宝背部，这样也可以起到促进宝宝入睡的效果。给宝宝做抚触按摩也是比较常见的哄睡方式，这样容易使宝宝放松下来，较快地入睡。

男宝宝 3 岁前无须割包皮

包皮过长，包住宝宝的龟头，会滋生细菌，增加清洗的难度。如果尽早地给宝宝割包皮可以清除病原，避免炎症复发。而且，刚出生的宝宝行动还不是那么自如，如果能在此时给宝宝割包皮，会将宝宝的伤害降低。所以，有很多家长认为，男宝宝的包皮越早割越好。事实上，宝宝并不是越早割包皮越好，因为刚出生的宝宝都有先天性包皮包茎现象，随着年龄增长，阴茎发育，包皮会慢慢向后退缩露出阴茎头。

新主张

一般不足 3 岁的宝宝包皮过长无须考虑割包皮，随着孩子逐渐长大，有很大一部分孩子不必割包皮。家长只要经常用手给宝宝往上翻翻包皮，注意清洁即可。若宝宝包皮确实过长，医生指出，一般宝宝 5 ~ 12 岁时割包皮的较好时期。因为青春期之前割包皮可以促进阴茎正常发育，避免因包皮过长阻碍阴茎发育。

不要给宝宝剃满月头

宝宝刚满月时，老一辈人都要求给宝宝剃“满月头”。这种老经验认为，剃“满月头”不但会给宝宝带来福气，还会使得宝宝的头发变得又黑又浓密。有的地方有这样的风俗，把剃满月头剪下来的头发做成小发团挂在宝宝的床头，说可以给宝宝辟邪。其实，这种老一辈人的育儿经验是不科学的。

新主张

刚满月的新生儿皮肤娇嫩，锋利的剃头刀会在宝宝头皮上留下许多肉眼看不到的伤痕。由于婴儿皮肤的防御功能不够完善，宝宝失去了头发和胎皮的保护，头皮容易碰伤，各种细菌在头皮上的感染也大幅增加。而且，头发长得多少跟剃不剃胎毛毫无干系，而是与遗传和营养密切相关。

尽量不要把屎把尿

随着大人“嘘一嘘”或“嗯一嗯”的声音鼓励引导，从小宝宝就开始这样“帮”宝宝排尿排便。其实，这样做是有害的。因为宝宝脊椎和髋关节等发育还不完善，长期保持“把”的体位对身体发育不利，容易造成关节松弛，甚至脱位。

新主张

学会控制大小便是一个循序渐进的过程。宝宝首先要能感知尿意和便意，随后学会协调自己的肌肉组织来控制大小便。所以，还是尽量不要把屎把尿，遵循宝宝自身发育特征，顺势而为。在学习如厕上，多给宝宝一点时间和耐心。

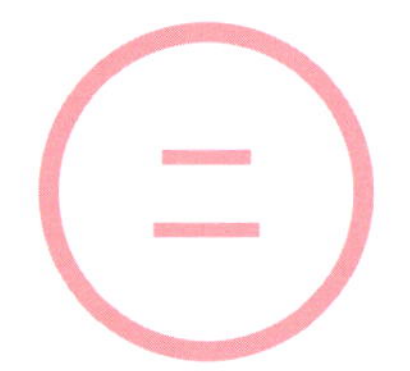

新手爸妈齐上阵，悉心呵护宝宝

宝宝是个甜蜜的“小负担”，他需要爸爸妈妈无微不至照顾，也需要爸爸妈妈有技巧地照顾。掌握科学的照料方法，不仅有利于呵护宝宝的身体，还可以减轻爸爸妈妈的负担，何乐而不为？

为宝宝掌握基本的监测技巧

父母掌握测量宝宝的技巧，不仅可以随时监测他的生长发育情况，还能从测量结果中得知宝宝是否处于正常发育状态。

测量身高

身高是指从婴幼儿的头顶到足底的全身长度，它反映了宝宝的骨骼发育情况。给宝宝测量身高的时候，需要爸爸妈妈相互配合。准备一块120厘米的硬纸板，脱掉宝宝的衣服让其平躺在硬纸板上。用手握住宝宝的膝盖，让宝宝的两条腿互相接触并且紧贴着硬纸板。再分别用书本固定住宝宝的头部和脚板，书本要与纸板保持垂直，然后分别画线标记。最后用皮尺量出两条线之间的距离，就是宝宝的身高。

内分泌、遗传、营养、运动、疾病等因素会影响宝宝的身高。宝宝的身高异常往往由甲状腺功能减退、生长激素异常、软骨发育不全、营养不良、佝偻病等原因引起。若测量出来的身高与国家公布的婴幼儿身高对照表差距较大，应及时就医。

测量头围

人的头围大小与大脑的发育密切相关，婴幼儿定期测量头围，有助于家长了解宝宝大脑发育情况，并对诊断是否存在智力发育问题有一定参考价值。

在给宝宝测量头围的时候，爸爸妈妈需站在宝宝的前侧或右侧，用自己的左手拇指将软皮尺的0点固定在宝宝的前额眉弓上方，从头右侧经过枕骨粗隆最高处，绕至左侧，然后回到起始点，所得的数据就是宝宝头围。需要提醒的是，测量宝宝头围的时候，尽量选择宝宝安静、没有大的动作的时候，这样可以避免给宝宝测量头围时因为宝宝的乱动而给他造成伤害。

测量胸围

沿宝宝乳头下缘水平绕胸一周的长度为胸围，主要体现了婴幼儿胸廓骨骼、肌肉、软组织和肺的发育程度。测量胸围的时候，同样需要使用软皮尺。测量的时候，婴幼儿取卧位，爸爸妈妈应脱掉宝宝的上衣，一手将软皮尺0点固定在宝宝一侧乳头下缘，另一手将软尺紧贴皮肤，经两侧肩胛骨下缘回到0点，取平静呼气、吸气时的中间读数，或呼气、吸气时的平均数，精确到0.1厘米。需要注意的是，测量时应选择温度适宜的室内，以防宝宝着凉。

测量体重

体重是判断婴幼儿体格发育是否正常的一项重要指标，可以判断出婴幼儿的营养状况。测量宝宝体重时建议使用专业婴儿磅秤。测量时需要注意，为了防止宝宝受凉，可以在秤上垫一块绵软的布。如果想测量宝宝的净体重，爸爸妈妈记得称完宝宝的体重后，将除宝宝外的其他物品都进行单独称量，然后再用宝宝之前称的体重减去。

正常情况下，同年龄、同性别婴幼儿的体重也存在个体差异，一般波动在10%左右。判断宝宝的生长状况，需要家长连续定期监测宝宝体重。

口腔清洁，从出生开始

爸爸妈妈应该关注宝宝的口腔卫生，从小开始就要帮助宝宝进行口腔护理，宝宝牙口好，才能吃饭香，利于他健健康康长大。宝宝出生后每个阶段对口腔护理的方法也有所区别，下面我们一起来看看。

宝宝 0 ~ 6 个月

这一阶段，宝宝的乳牙尚未萌出或刚刚萌出，此时需要家长在每次喂奶后给宝宝用消毒纱布蘸上温开水轻擦牙龈和口腔。

Step1

双手洗净，用消毒纱布蘸上温开水，然后用双手掰开宝宝的下嘴唇。先左右擦宝宝牙龈外侧，再擦牙龈内侧。

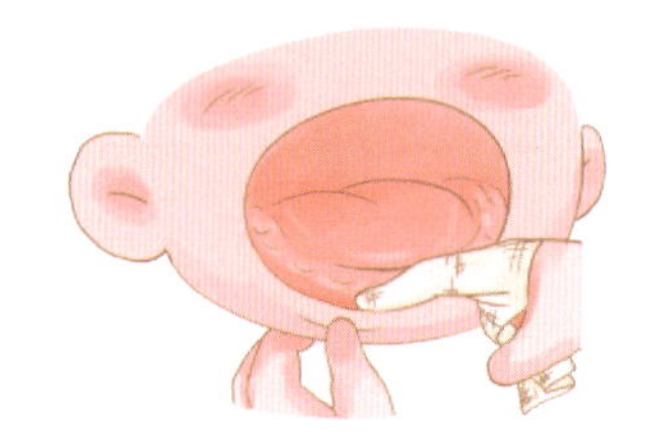

Step2

按照由内向外的方向擦宝宝的上腭，冲洗一下纱布，再从内向外擦宝宝的舌头。

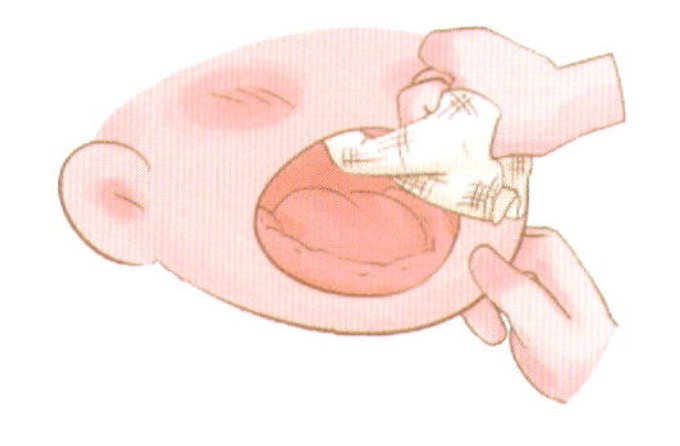

温馨提示

宝宝的牙龈很脆弱，爸爸妈妈给宝宝清洁口腔时，动作要轻柔、缓慢。此阶段蘸上温开水给宝宝“刷”即可，不必使用牙膏，以免刺激宝宝的牙龈和口腔。另外，每天给宝宝刷牙的次数并没有严格的规定，但至少要保证早晚各一次。

宝宝 6 个月～ 3 岁

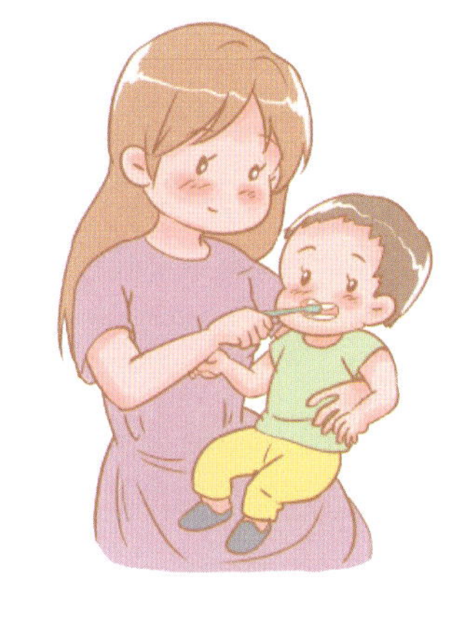

在宝宝的乳牙萌出期间，家长可用婴幼儿专用牙刷蘸上牙膏为宝宝清洁牙齿。

通过适当训练，宝宝很快就能将保持良好的口腔卫生当作日常生活的一部分。尽管宝宝是一个热心的参与者，但他没有能力独立完成刷牙，所以爸妈要帮助孩子用软毛儿童牙刷每天早晚各刷一次牙。

Step1

挤豌豆粒大小的牙膏在牙刷上，量不宜多。

选择合适的刷牙姿势，认真刷牙。刷牙结束后要漱口，告诉宝宝吐掉口中牙膏沫。

Step3

用水冲洗刷毛内部，甩掉水分，并将其毛束朝上，放在干燥通风处。

温馨提示

刚开始学习刷牙时，孩子可能并不熟练，家长一定要多几分耐心，悉心引导，久而久之，孩子就能又快又好地刷牙了。

宝宝 3 ～ 6 岁

此时家长应加强监督，培养孩子刷牙的兴趣和意识。这一阶段可以让宝宝使用豌豆粒大小的含氟牙膏，预防龋齿。

宝宝流口水，正确护理

宝宝的口水偏酸性，又含有一些腐蚀性的消化酶，如果任其流淌，就很容易腐蚀宝宝皮肤外面的角质层，导致皮肤发红，长口水疹。因此，必须帮宝宝将口水及时擦干，在平时的生活中也要小心护理。

→ 用柔软的毛巾随时为宝宝擦口水，力度不要大。此外，只需轻轻将口水擦干，没有被口水沾到的皮肤就不用擦拭了，以免损伤局部皮肤。

→ 经常用温水洗净宝宝口水流到过的地方，擦干后涂上油脂，以保护皮肤不受损伤。

→ 为了防止口水弄脏衣服，父母还可以用干净、柔软、吸水性强的毛巾做成围嘴，给宝宝围在身上。

→ 宝宝喜欢趴着睡觉，枕头要勤洗勤晒，以免滋生细菌。

温馨提示

如果宝宝是生理性流口水，只要好好护理就好；但如果发现宝宝不仅口水量多，而且身体还出现异常，如呼吸不畅等，则可能是病理性流口水，是有些疾病引起的，要尽快去医院检查治疗。

安抚奶嘴，用还是不用

安抚奶嘴的使用视情况而定。在宝宝哭闹时给他吸吮，能帮助宝宝安静下来。专家认为，2岁以内可以不用戒掉吸吮安抚奶嘴的习惯，因为让宝宝适当地使用安抚奶嘴可以有效帮助宝宝唇舌周围触觉的发展，还可以帮助宝宝转移紧张情绪，提升其安全感。此外，安抚奶嘴还可以帮助训练宝宝吸吮及吞咽的能力。但是一定要选择优质的、适合宝宝的奶嘴。

即便好处颇多，安抚奶嘴也不可以长期使用，2岁以后的宝宝就尽量不要使用安抚奶嘴了。长期使用安抚奶嘴，会影响宝宝上下颌骨的发育，还会影响宝宝口腔发育，甚至影响外观。

重点部位的护理要点

刚出生的宝宝的身体有很多部位都比较脆弱，新手爸妈在护理时，要格外小心。下面就来介绍宝宝的一些重点部位的护理方法，希望能够帮助爸爸妈妈更好地护理宝宝。

脐带的护理

宝宝从妈妈肚子里出来后，就剪断了与妈妈联系的脐带，宝宝的肚子上剩余的脐带会在出生后7～15天自动脱落。在脐带未脱落的这段时间内，要特别注意对它的清洁，每次清洁宝宝脐带的时候都要检查一下断面有没有红肿或感染。如果没有，就不用做额外的处理。清洁脐带可以用消毒棉签蘸取75%的酒精在脐窝周围轻轻擦拭，如果脐窝有红肿现象，先用2%的碘酒消毒，然后再用75%的酒精擦拭。在给宝宝穿纸尿裤的时候，纸尿裤不要盖过脐带的部位，以避免对脐带造成感染。

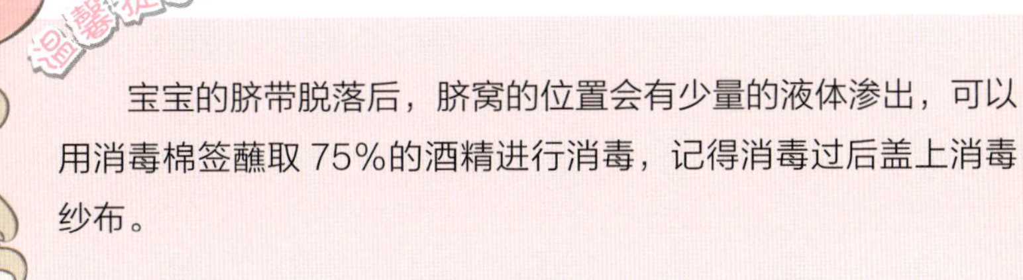

宝宝的脐带脱落后，脐窝的位置会有少量的液体渗出，可以用消毒棉签蘸取 75%的酒精进行消毒，记得消毒过后盖上消毒纱布。

囟门的护理

新生宝宝颅骨接合不紧所形成的骨间隙，在医学上被称为囟门。囟门有前囟门和后囟门两种。前囟门位于宝宝的前顶，呈菱形，这个区域会在宝宝1～1.5岁的时候合拢。后囟门位于枕上，呈三角形，出生后3个月左右就能合拢。

囟门摸上去很柔软，并且有脉搏一样的跳动，囟门下面就是宝宝的脑膜和大脑，损伤囟门就有可能意味着损伤宝宝的脑膜和大脑。因此必须保护好囟门，不能使囟门受任何损伤。

保护囟门不受损伤包括两个方面，一是清洁囟门，二是防止囟门受到物理伤害。清洁囟门是为了避免或减小囟门受到感染的概率。一旦囟门受到感染，脑膜和大脑也就很容易被感染，从而引发脑膜炎或脑炎，所以清洁囟门显得尤为重要。清洁囟门可以用宝宝专用洗发液，清洗的时候轻轻揉搓一会儿，然后用清水冲干净就可以了。当宝宝囟门上有污垢且难以洗掉的时候，不要用力搓洗，可以用消过毒的纱布蘸取干净的熟香油敷在宝宝的囟门处，软化2～3小时后就可以很容易洗掉了。防止宝宝的囟门受到物理伤害就要做到不要让硬物或尖锐的东西碰触宝宝头部。在室内的时候需要时刻关注宝宝的动静，保证他不要受到伤害；在室外的时候，可以给宝宝戴上帽子。

如果宝宝的囟门受到了伤害，不要慌张，要进行必要消毒后带宝宝及时去医院，这样可以避免感染。

私密部位的护理

新生宝宝的私密部位也需要重点呵护，特别是女宝宝，需要的呵护要比男宝宝更多。对女宝宝私密部位进行护理的时候要注意，女宝宝刚出生时，阴道可能会有白色的分泌物或是红色的“月经”，爸爸妈妈不必感到担忧，这都是正常现象，过两三天就会自行消失的。

清洁女宝宝的私密部位的时候，不要使用清洁用品，用温水就可以了。因为宝宝的阴道有自洁功能，使用清洁用品会破坏宝宝自身的平衡，可能会引发不适。清洗的时候，要用质地柔软的毛巾按照从上往下清洗。清洗宝宝阴部的时候，只需要把外阴清洁干净即可，不要用水清洗里面。清洗完宝宝的阴部之后才能清洗肛门，这个顺序不要弄错，按照这个顺序可以避免把肛门的脏污带到阴道。

清洁男宝宝的私密部位比女宝宝的简单许多。清洁前，只需要检查一下男宝宝的尿道口有没有红肿和发炎，如果没有出现这些情况，就可以直接用温水清洁他的阴茎根部和尿道口了。

无论是女宝宝还是男宝宝，当私密部位出现了红肿发炎的情况，都要马上带宝宝去医院进行检查与治疗。

修剪宝宝的指甲

宝宝指甲过长不仅容易划伤自己，而且指甲里的细菌还会通过宝宝吸吮手指的行为进入消化道。为避免这些情况的发生，应定期给宝宝修剪指甲。

剪指甲前的准备工作

给宝宝剪指甲，应该准备一套宝宝专用的指甲护理套装。此外，用蘸上消毒药水的纱布清洁指甲刀的刀刃，可以起到消毒作用。

给宝宝剪指甲的具体步骤

给宝宝剪指甲时，爸爸妈妈可按以下步骤进行。

step 1　抱稳宝宝

让宝宝躺卧于床上，爸爸妈妈跪坐在宝宝一旁，再将胳膊支撑在大腿上，以求手部动作稳固。爸爸妈妈也可坐着，将宝宝抱在身上，使其背靠自己。

step 2　开始修剪

握住宝宝的一只小手，将手指尽量分开。剪指甲的时候，爸爸妈妈应该用拇指和食指握住要剪指甲的手指或脚趾，从边角开始，一点点地剪。剪完后，要记得稍微修一下两端。

step 3　摸指甲

将宝宝指甲剪成圆弧状，不要呈尖状。剪完后，爸爸妈妈用拇指肚，摸一摸是否光滑。

step 4　检查污垢

检查宝宝指甲和手指尖的污垢有没有清除。如果仍有污垢，不可用锉刀尖或其他锐利的东西清洗，应用温水洗干净，然后用柔软的小毛巾擦干净宝宝的手。

温馨提示

宝宝睡觉的时候是剪指甲的良好时机。注意不要将宝宝的指甲剪得过短，以免损伤甲床；指甲的边角也不要剪太深，否则容易引起感染。

不要随意给宝宝掏耳朵

听力是人的中枢神经系统和听觉器官联合活动所产生的一种反应能力。很多新手妈妈或是忽略了宝宝耳朵的护理，或是护理得太过频繁，都会影响宝宝的听力健康。不及时清理耳垢很容易导致细菌的侵入引起耳腔感染，对宝宝听力造成损伤，甚至导致耳聋。太过频繁的护理，又会让年幼的宝宝感觉不舒服，迫使他挣扎，一不小心也会造成伤害。怎样解决宝宝耳朵日常护理这个棘手的难题，有些建议新手爸妈可以参考。

通常，宝宝的耳垢会自然排出。而且耳朵不是清理的越干净越好，保留些微的耳垢才能保护耳朵。新手爸妈可以趁着洗澡时，将纱布或小方巾稍微以清水沾湿，就可以清洁外耳了。只要在耳朵外围绕一圈，维持外耳的干净清爽就可以了。值得注意的是，千万不要擅自使用棉签深入内耳道内清洁，因为宝宝的耳道还十分窄小，如果深入内耳道清洁反而容易将杂物推入耳内，会破坏宝宝耳朵的自洁机制。如果用手电筒照，发现耳垢好像瓶塞一样塞住耳道的话，应该尽快找耳科医生，请他帮忙清除耳垢，不要擅自处理。

保护好宝宝的眼睛

父母都希望自己的宝宝有一双健康明亮的大眼睛。眼睛是比较敏感的器官，容易受到各种侵害，如温度、强光、尘土、细菌以及异物等。在日常生活中，父母应小心呵护宝宝的眼睛。

注意宝宝眼部卫生

平时给宝宝洗脸要用专门的脸盆和毛巾，防止其他脸盆细菌交叉感染。洗脸时要先洗眼睛，如果眼睛里有分泌物要及时清理。

防止强烈的光线直射眼睛

因为在妈妈的肚子里，宝宝的眼睛是看到一片黑暗，刚来到这个世界，需要对这个世界的光亮有一段适应过程。因此，宝宝在房间里要避免房间灯光太亮，也不要抱着宝宝站在灯下，因为如果宝宝直接仰视灯光很容易受到刺激。还有带宝宝出去也要避免阳光直射，要等宝宝适应了亮光之后再考虑带出去。带出去玩时尽量有个东西挡着阳光，避免阳光直射伤害宝宝的视网膜。

防止锐利的物品刺伤宝宝的眼睛

宝宝的玩具不要有尖锐的角。尽量是圆角的，比较软的玩具，以免宝宝玩的时候不小心伤到眼睛，或者刺伤和他一起玩耍的小朋友。还有宝宝睡觉要注意周围不要有尖角的桌子之类的，防止宝宝睡觉不安稳，撞伤眼睛或者头部。

防止异物进入眼内

给宝宝洗完澡涂爽身粉时，要避免爽身粉进入眼睛，平时也要防止尘沙、小虫等进入眼睛。当异物进入眼睛，不要用手揉擦，用干净的棉签蘸温水冲洗眼睛，必要时要去医院。

及时治疗眼部疾病

如果发现宝宝存在眼部疾患，如出现眼睛分泌物增多、眼部红肿等，要及时去医院就诊。

给宝宝调换色彩鲜明的玩具

经常为宝宝调换不同颜色的玩具，多带宝宝到外面欣赏大自然的风光，有助于提高宝宝的视力。

给宝宝做阳光浴

阳光照射可以促进血液循环，阳光中的紫外线有助于维生素D的生成，能够促使宝宝对钙质的充分吸收，促进宝宝骨骼、肌肉的发育。除此之外，每天出去晒晒太阳有助于宝宝出门活动，亲近大自然。但是，做阳光浴需要注意以下几点。

- 享受阳光浴尽量选择在无风的晴天。夏天的时候，进行阳光浴的时间尽量选择在上午的10点以前；春天和秋天可以选择上午10点到下午2点之间的时间；冬天可以不限时间，但做阳光浴时，要做好宝宝的保暖工作。
- 做阳光浴可以选择在光线充足的阳台，也可以在院子或草坪上享受阳光浴。
- 为了避免宝宝的脸部和头部受到光线的直接照射，给宝宝做阳光浴时，应给宝宝戴上能遮阳的帽子。
- 结束阳光浴后，应给宝宝补充足够的水分。
- 宝宝身体不舒服时，应该中断散步和阳光浴。

如厕训练

当宝宝具备一定的肢体协调能力和理解能力时，爸爸妈妈就可以对宝宝进行系统的如厕训练了。进行如厕训练可以循序渐进，一般说来可以分为让宝宝明白便意与上厕所的联系，以及让宝宝学会上厕所这两个部分。

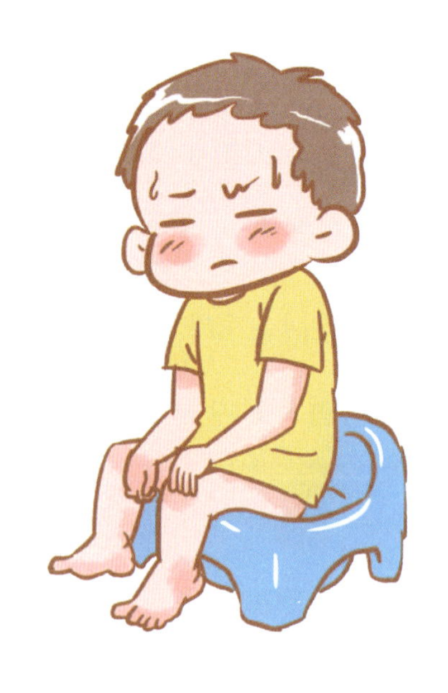

便意与上厕所的联系

有的爸爸妈妈认为，这个不需要对宝宝进行训练，到时候他自然就会了，不用教。的确，当宝宝渐渐长大，通过观察生活中发生的一切，他们慢慢就会明白，有便意了就得去上厕所。可是，在他自己明白之前究竟会经过多长时间呢？在这个过程中究竟会发生多少令人哭笑不得的尴尬事情呢？这方面研究数据不足，但每个人情况不同，每个家庭处理方法也不同。不过，在宝宝具备一定的理解能力的时候就要慢慢引导他，让他明白，自己有了便意就要去上厕所。

帮助宝宝建立“有了便意”就要去“上厕所”这两者之间的联系，其实就是教宝宝把他的感觉和该做的事情联系起来。具体来说就是教宝宝了解有便意就要找厕所，蹲在便池上就要排泄这些事情。当宝宝表现出要上厕所的迹象时，比如说蹲下、捂着肚子、安静地缩到一旁等动作时，爸爸妈妈就要提醒他是不是要“上厕所”。每个宝宝要上厕所时的表现可能都有所不同，家长们可以在平时多多观察。如果爸爸妈妈实在不知道如何判断宝宝是不是要上厕所了，不妨试试记下宝宝平时大小便的时间，然后按照宝宝的大小便规律询问他是不是要“上厕所”。爸爸妈妈不要怕麻烦，当觉得自己的宝宝“疑似”有便意的时候，不妨都问一下。

在这种询问宝宝的过程中，宝宝的脑海里就会建立“有了便意——去找厕所”的联系。时间长了之后，宝宝不需要父母的提醒也能在有便意时及时上厕所了。

训练宝宝如厕的具体步骤

当宝宝明白了有便意就要去找厕所后，就可以教宝宝如何上厕所了。上厕所具体包括脱裤子、排泄、擦屁股、穿裤子、冲水和洗手这几个步骤。虽然看起来步骤有点烦琐，但只要训练得当，让宝宝形成常规，一切都会变得很简单。

Step1 脱裤子

为了避免给宝宝造成麻烦，不要为宝宝选择比较难穿脱的裤子。一般来说，选择松紧腰带的裤子比较好，这样脱裤子的时候只需要告诉宝宝将裤子轻轻往下扯就行了。

Step2 排泄

记得提醒宝宝，排泄的时候，要对准便池或在小马桶坐好，尽量不要将排泄物拉在便池或小马桶以外的地方。爸爸妈妈要帮宝宝养成专心排便的习惯，不要在宝宝排泄时和他说话来分散他的注意力，尽量只在宝宝有错误的地方的时候予以提醒，其他的时候安安静静地等待宝宝排泄。

Step3 擦屁股

关于擦屁股，有的宝宝要到四五岁的时候才能做到这一点。只要宝宝具备了擦屁股的能力，家长就要教宝宝擦屁股的方法。特别是教女宝宝擦屁股的时候，要告诉她应该要从前往后擦。如果能边做示范边讲解，宝宝更容易理解。

Step4 穿裤子

穿裤子的时候需要注意，是否已经排泄完并且做完了擦拭，爸爸妈妈要提醒宝宝，一定要做好以上工作再穿裤子。

Step5 冲水

有的宝宝特别喜欢水一下子流出的感觉，所以会不停地反复冲水，浪费很多的水。这个时候爸爸妈妈就算制止，宝宝下次也还是有很大的可能再犯。刚开始让宝宝独立上厕所的时候，爸爸妈妈还是要尽量在旁监督，及时制止宝宝的这种行为。

Step6 洗手

爸爸妈妈一定要督促宝宝养成便后洗手的习惯，当宝宝用各种理由逃避洗手的时候，不要纵容宝宝的这种做法，而是态度坚定地让宝宝洗手。当宝宝洗手不专心的时候，爸爸妈妈可以在旁出声提醒，必要的时候帮助宝宝洗手。

婴儿的皮肤比较娇嫩，且此时宝宝的免疫力低下，穿着的衣物要求对宝宝的刺激非常小，如何精挑细选宝宝的衣物就成了新手爸妈们的关注点。

正确挑选宝宝的衣物

在为宝宝选择衣服的时候，衣服的面料、颜色、款式和大小都有一定的要求。

衣服的面料

纯棉的衣物透气性好，且刺激性小，是比较适合宝宝日常穿着的。爸爸妈妈选择衣物时可以参考衣服吊牌上的含棉度。一般说来，含棉度越高越适合宝宝穿着。

衣服的款式

在宝宝衣服款式的选择上，不仅要考虑到衣服穿脱的便利性，更要考虑到安全。选择宝宝的上衣时，尽量选择前面开口的衣服，这样无论是穿还是脱都比较方便。其次就是选择衣服的时候不要选择衣服上带有太多装饰或纽扣的款式，这些衣服会让宝宝穿着不舒服，装饰太多也容易导致意外的发生。

衣服的颜色

浅色的衣服不容易掉色，对宝宝的皮肤刺激也小很多。给宝宝选择衣服的时候要以浅色为主，这样不仅对宝宝影响较小，爸爸妈妈更能发现宝宝的衣服是否干净。

衣服的大小

选择宝宝衣服的时候，尽量选择大一号的。宽松较大的衣服不仅宝宝日常穿起来比较方便，而且选择较长可以盖过肚脐的上衣，能防止宝宝受凉。另外较大的衣服也可以应付宝宝的成长，不至于刚买了新衣服，没过多久宝宝就又穿不了了。

宝宝的衣物要定期清洁

宝宝的身体抵抗力还很低，如果每天穿着的衣物不够干净，就很容易感染疾病。为避免宝宝生病，宝宝穿过的衣服应及时洗净与消毒，暂时不穿的衣服也要定期清洁，以防滋生细菌。

清洁剂的选择

我们应该根据宝宝的皮肤和清洁的目的选择清洁剂。当然，婴幼儿专用清洁剂是宝宝的首选。婴幼儿专用清洁剂通常是中性清洁剂，不刺激宝宝的皮肤，但清洁功能较其他清洁剂差。如果宝宝的衣服较脏，想要彻底清洗衣服上的污渍应该使用碱性清洁剂，要多漂洗几次，这样做不仅能防止衣服坚硬，还能清除碱性清洁剂残留物。碱性清洁剂主要包括洗衣粉和普通清洁剂，爸爸妈妈选择清洁剂的时候可以仔细阅读清洁剂的包装，上面都有详细说明。

污渍的清洗

污渍分为油脂类污渍、色素酸类污渍、蛋白质类污渍、色素污渍以及其他类污渍。

对于油脂类污渍，一般可用洗洁精清洗；色素酸类污渍主要是各种水果汁造成的污渍，其共同点是都含有色素酸酯，染在衣服上比较牢固，水洗很难除掉，只能利用一些化学处理剂，把果汁中的有机酸脂加以中和才能除掉；蛋白质类污渍应使用碱性清洁剂，清洗的时候不宜用热水，以免使衣服上的蛋白质凝固，导致污渍难以去除；色素污渍是由各种颜料及带有色素的无机物造成的污渍。此类污渍一般很难去除，必须通过化学处理或物理处理才能除掉。

阳光消毒与消毒液

阳光本身就具有消毒的作用，婴幼儿的衣物尽量在太阳下晾晒；在洗衣物的时候尽量使用比较温和的婴幼儿专用消毒液。

温馨提示

买回来的衣物清洗后再穿；宝宝的衣物应与大人的分开洗，洗衣服用的盆子也要另外准备；若宝宝衣物上有尿液、便渍，应和其他衣物分开洗，以免污染其他衣物；清洗过后的衣服，尽量能晾晒在通风且有阳光的地方，一遍干透。

不同种类衣物穿脱有技巧

宝宝的身体很柔软，四肢大多是屈曲状，而且在穿脱衣服的时候宝宝不配合……这些都给家长制造了难题。其实，不同的衣服有不同的穿脱方法，掌握好办法就能在安全的条件下有条不紊地为宝宝穿脱衣服。

连身衣裤的穿脱法

连身衣裤穿脱方便，但同样需要注意穿脱方式。穿连身衣的时候，先将连身衣的所有纽扣解开，将衣服平放在床上，先穿宝宝的裤脚，然后卷起袖子并伸进一只手，抓住宝宝的手臂从袖口拉出，另一只手采用同样的办法为宝宝穿上，最后扣上所有的扣子就行了。

脱连身衣裤的时候也是先把宝宝平放在一个平面上。从正面解开衣裤，轻轻地把双腿拉出来，然后把宝宝的双腿提起，把连身衣裤往上推向背部到他的双肩，轻轻地分别把宝宝的双手拉出。

套头衫的穿脱法

给宝宝穿套头衫的时候，如果衣服的领口不大，要先把衣服的下摆提起，挽成环状套到宝宝的后脑勺上，然后再向前往下拉。这个时候特别需要注意的是，衣服经过宝宝前额和鼻子的时候，要把衣服托起来，千万不能让衣服挂在宝宝的鼻子上，等到宝宝的头套进去之后再把他的胳膊从袖子里掏出来。

脱这类衣服的时候，要注意保护宝宝颈部、肩部和手臂关节。脱衣服的时候，先抓住宝宝的肘部，然后轻轻从袖口拉出宝宝的手臂。如果衣服的领口不大，无法伸进自己的双手，就要从衣服的下端往上卷起上衣。往上拉宝宝上衣的同时要撑开衣服的颈部，这样宝宝的头部才能顺利出来，要尽可能撑开衣服的颈部，也是为了避免纽扣之类的东西划伤宝宝的脸。

前开襟衣服的穿脱法

给宝宝穿前开襟的衣服应该先将衣服打开平放在床上，让宝宝平躺在衣服上，然后用一只手将宝宝的手轻柔地送入衣袖，另一只手从袖口伸进衣袖将宝宝的手拉出来，然后再将衣袖向上拉。同样的方法穿另外一只衣袖，最后扣上扣子。

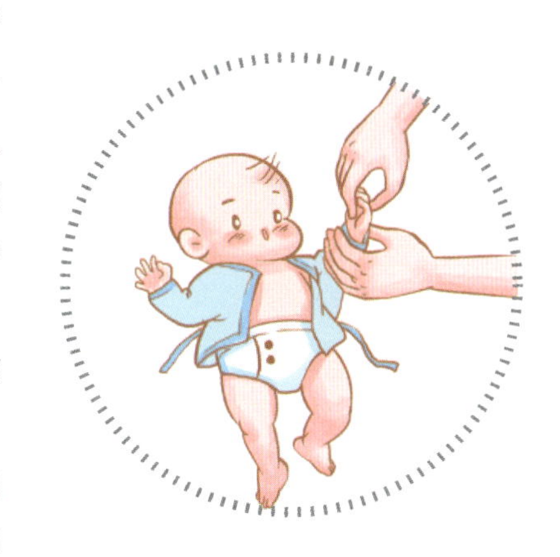

脱这类衣服的时候首先揭开纽扣敞开宝宝的胸口，然后用一只手轻轻抬起宝宝的肘部，另一只手卷起衣袖，接着撑开袖口，从中拉出宝宝的肘部。同样的方法脱另外一只衣袖，即可脱下。

裤子的穿脱法

给宝宝穿裤子其实相比穿上衣要容易得多，爸爸妈妈把手从裤管中伸入，再拉住宝宝的脚，慢慢将裤子向上提，这样很容易就能帮宝宝穿上。

脱裤子的时候，先抬起宝宝的臀部，再慢慢拉下裤子到膝盖，用手抬起膝盖，然后用另一只手卸下裤脚，同时拉出宝宝的脚。这个过程不要伸直宝宝的膝盖，以免对宝宝产生伤害。

温馨提示

宝宝能坐以后才能把宝宝放到家长腿上穿脱衣服，在此之前还是在平处进行衣服的穿脱。穿脱衣服的动作要轻柔，不能因为宝宝在乱动就使劲按住他。另外爸爸妈妈尽量不要留指甲，长指甲会在穿脱衣服的时候给宝宝造成伤害。

试着让宝宝自己搭配衣服

有些家长认为，宝宝哪里懂得什么服装搭配啊，于是从不给宝宝自己搭配衣服的机会。还有一种情况，爸爸妈妈给了宝宝自己选择衣服的权利后，宝宝经常把自己穿得五彩缤纷或不合时节，于是就收回了宝宝自己搭配衣服的权利。

其实，每个宝宝都有自己的性格和审美观，试着让宝宝自己挑选衣服，搭配衣服，也是一种训练宝宝表达和发展自我的方式。虽然给了宝宝自己搭配衣服的权利，但是宝宝可能刚开始还不能掌握“美”的搭配方法，于是就出现了大人认为宝宝穿得不好看的情况。这个时候，父母不要急着收回宝宝自己搭配衣服的权利，可以试着替宝宝挑出一些合宜的衣服，搭成几套，再让宝宝从中选择一套想穿的。这样不仅解决了宝宝“不会”搭配衣服的问题，还可以培养宝宝搭配衣物方面的审美。

不要让衣服误导宝宝的性别

在日常生活中，我们常常看见明明是男宝宝，可是却穿着女宝宝的裙子，有时候也会看到明明是女宝宝，却穿着男宝宝的衣服。出现这种情况大多是因为父母自己的爱好或者愿望：有的爸爸妈妈觉得小宝宝不用管性别，穿什么都可以，穿裙子好看，就算是男宝宝也可以穿；还有的爸爸妈妈因为自己喜欢女宝宝，可是生下来的却是男宝宝，就把男宝宝当作女宝宝来打扮。这些父母大多认为，宝宝还小，不必在意这么多，这样穿也没有什么关系的。其实，这种做法是不利于宝宝的性格发展和心理健康的。

2岁半左右的宝宝就开始会关注自己的性别，当他看见同龄人的时候会发现，有的穿着打扮和自己差不多，有的则和自己不一样；游泳的时候也会看到有的宝宝身体结构和自己不同。由此可见，要让宝宝明白自己的性别，必须要给予同性别宝宝正常打扮。给宝宝异性打扮是直接干涉了宝宝对于性别角色的学习，对宝宝性别角色的发展极为不利。长久下来，宝宝会处在生理性别和衣着性别角色割裂的状态中。这样会让宝宝的性别认知错位，分不清男女，并且容易受到同龄人的指点或者嘲笑，遭受心理创伤。成年以后难以取得一致的行为表现，甚至为性取向埋下隐忧，会对宝宝往后的人生造成难以挽回的伤痛。

因此，尽量不要给宝宝穿不符合他性别的衣服，以免让衣服误导宝宝的性别认知。

不穿开裆裤

婴儿期，宝宝还不能控制大小便，而且饮食主要以母乳或配方奶为主，大小便的次数较多，爸妈需要不停地为宝宝更换纸尿裤。有些爸妈为解决这个“麻烦”，就选择给婴儿穿开裆裤。

一般宝宝在1岁半左右会用简单的语言或动作表示大小便，爸妈应不怕麻烦，不建议给宝宝穿开裆裤，不穿纸尿裤了就给宝宝穿上满裆裤，这样既卫生又雅观，有利于宝宝的身心健康。当然，宝宝有时会因贪玩或来不及就把大小便拉在身上，弄脏衣裤。爸妈不要责备宝宝，而应该注意在宝宝穿满裆裤时，科学进行大小便训练。

温馨提示

宝宝训练如厕建议选择从春天开始，因为此时宝宝身上的衣服已日渐单薄。宝宝由于不适应而尿裤子时也容易换洗。这样，经过春、夏、秋三个季节的锻炼，到冬天时宝宝基本上就已经能自己掌握大小便了，以免因宝宝尿裤子更换不及时而受凉。

科学哄睡，新手爸妈游刃有余

睡眠质量的好坏直接影响到宝宝的健康和发育。哭闹着不愿意睡觉的宝宝，总是会弄得爸爸妈妈既心疼又无奈。此时，掌握科学的方法哄宝宝睡觉，相信是每一个受此困扰的新手爸妈较为迫切需要掌握的技能。

各年龄阶段的睡眠特点

各个年龄阶段的宝宝有不同的睡眠特点。爸爸妈妈只有摸清楚自家宝宝的睡眠特点，才能更好地培养宝宝良好的睡眠习惯。下面列举了各个年龄阶段宝宝的睡眠特点，给新手爸妈做一个参考。

0～6个月

这个年龄阶段的宝宝，会逐渐从只知道睡觉到逐渐懂得玩耍转变，而且也会慢慢开始区分白天和夜晚。这个时候，新手爸妈可以培养宝宝的睡眠规律。

在夜晚，全家人都应该在规定的时间内熄灯睡觉，不能说觉得宝宝该睡了，于是就让宝宝先睡，爸爸妈妈却不睡。到了第2天起床的时间，就应该拉开窗帘，让阳光透进屋子，让宝宝知道已经白天了。

7～12个月

宝宝可能会因为白天活动量少，生活不规律等问题导致夜间不愿睡。为了让宝宝能够在夜晚安稳地熟睡，白天应让宝宝多做运动，这样宝宝在夜晚才能拥有更好的睡眠。

13～18个月

这个年龄段的宝宝每天平均会睡12～14小时，其中包括1～2小时的午睡时间。在宝宝4周岁以前，都应适当地让宝宝睡个午觉，但时间不应过长。

19 ~ 24 个月

经过了一段时间的适应睡眠时间，宝宝已经习惯了爸爸妈妈为他调整好的睡眠节奏。这个时候，全家人都应该为宝宝营造出能够按时睡觉的环境，要求爸爸妈妈不要在宝宝睡觉前制造出很大的噪声等一些破坏宝宝睡眠环境的行为。

25 ~ 36 个月

在这个时期，虽然宝宝能够独自睡觉了，但由于大部分宝宝都害怕黑暗，所以不喜欢自己一个人待在房间内。在这种情况下，爸爸妈妈应该陪在宝宝的身边，尽量稳定宝宝的情绪，这样才能让宝宝慢慢睡下。不要批评宝宝胆小或者强迫宝宝一个人睡。

留意宝宝的睡眠信号，顺利哄睡

宝宝困了，想睡觉之前，会发出各种各样的睡眠信号。多数宝宝睡眠信号很固定，如果妈妈天天自己带宝宝，多半会很快理解宝宝的意思。妈妈如果能及时捕捉到宝宝发出的睡眠信号，采用固定的方式及时哄睡，效果往往非常好，而且也能在很大程度上减少宝宝长时间"吵瞌睡"的情形。常见的睡眠信号如下。

- 凝视远方。
- 手脚动来动去或拱背。
- 搓眼睛。
- 打哈欠。
- 烦躁或发牢骚，且越来越大声。
- 握紧拳头。
- 皱眉头。
- 吸吮手指。
- 发脾气。
- 你无法分散宝宝的注意力。
- 对人和玩具都失去兴趣。

此外，新手爸妈还可以观察宝宝，对比睡醒、睡前半小时之内的状态表现，很快就能发现宝宝特有的睡眠信号了。轻微睡眠信号出现到真正入睡，往往需要十几分钟的过渡。观察到宝宝的睡眠信号后不要太紧张，安心做睡眠准备工作。

不同状态下的睡觉方法

每个宝宝都有自己的睡眠习惯，有些宝宝喜欢在仰卧的状态下睡觉，有的喜欢在俯卧的状态下睡觉，有的喜欢在侧卧的状态下睡觉。在不同状态下睡觉的宝宝，哄睡的方法不一，新手爸妈要合理运用。

仰卧状态下睡觉的方法

在仰卧状态下睡觉时，如果吐奶，吐出的奶水可能进入气管内造成危险。刚喝完奶或患有感冒时，建议宝宝侧身睡觉，以免被吐出的奶水引发意外。在睡觉时，要整理宝宝的衣服，这样宝宝就能更舒适地睡觉。另外，把被子底端塞进垫子下面，这样就不容易踢掉被子。

侧卧状态下睡觉的方法

为了漂亮的头型，很多家长采用侧卧睡觉的方法。在侧卧位状态下睡觉时，为了减轻头部和肩部的压力，必须间隔一定时间改变头部方向。有的宝宝喜欢向右侧睡觉，有的宝宝更喜欢向左侧睡觉。不管怎样，都应该调节左右两侧。如果向宝宝不喜欢的方向转头，那么可以在另一侧垫上薄被或被褥，防止宝宝转头。如果宝宝不适应，就应该在宝宝入睡后在后背挡抱枕。

俯卧状态下睡觉的方法

在俯卧状态下，有窒息的危险，因此要避免过于柔软的被褥或床垫。另外，刚出生的宝宝还不能控制颈部，因此需要家长的悉心照顾。俯卧姿势能促进循环系统的活动，而且能自由的活动腿部，因此能预防骨关节脱臼。在俯卧状态下，即使吐奶，也不会进入气管，但是要经常改变头部姿势，以免损伤颈部。一般情况下，在白天采用俯卧姿势。另外，如果在宝宝身边放置枕头、毛巾、洋娃娃等物品就容易导致窒息，因此要清理宝宝周围的物品。如果担心俯卧状态下睡眠对宝宝有危险，可以在宝宝出生4个月后再采用这个办法。

怎么给宝宝顺利“接觉”

所谓“接觉”就是宝宝在一个睡眠周期（30～45分钟）结束后无法自行入睡，需要家长的帮助让其接下去睡，这种努力和帮助就称之为接觉。

睡眠是一个个睡眠周期的循环，每个周期里的各阶段各有长短。与成人睡眠周期不同，婴儿的睡眠周期更加简单，分为活动睡眠和安静睡眠，一个周期30～45分钟。婴儿刚入睡处于活动睡眠阶段，睡得较轻，呼吸不均匀，眼睛不时转动，时而还会出现睡眠微笑。当睡眠周期过半，进入了安静睡眠时才呼吸均匀，不容易被叫醒。接着，一个周期结束，再切换成活动阶段。

提前行动

若宝宝睡半个小时就醒，试试等宝宝睡25分钟后还没有醒的迹象时就拍拍宝宝，轻轻哼唱平时助眠的曲调。6个月以上的宝宝不要拍，手放在身上固定的位置就好。如果过了常规半小时的点还没有醒，那就是成功的，很可能已经渡过了浅睡眠周期。这样的接觉方式要多尝试几次，宝宝习惯了长睡，就不用接觉了。

不是每觉必接

有睡早觉习惯的宝宝，早觉一般1.5小时，如果宝宝只睡1小时，但精神头很好，就不用接觉；如果傍晚睡觉，也不用接觉，此时多睡会影响晚上入睡。

温馨提示

刚开始接觉应以能习惯长睡为目标，作息稳定后，应逐渐减少干预，避免过多介入反而帮倒忙。给未满3个月的宝宝接觉时，可以睡着后放下，继续模拟抱着的感觉，用从屁股处挪出的手对身体进行轻拍，脖子下的手可以过3～5分钟再抽出。6个月以后的宝宝，直接在床上入睡有助于接觉。

新手爸妈的护眠技巧

在关于怎样让宝宝好好睡觉的这个问题上，很多父母往往力不从心。掌握好技巧往往会使妈妈感到事半功倍。那么，呵护宝宝入眠都有哪些技巧呢？让我们一起看看吧。

让宝宝安心入睡

爸爸妈妈要为宝宝营造出有助于入眠的氛围，比如将卧室的光线弄暗，如果宝宝偏爱小夜灯，可以装上一盏。室内的温度要适中，不要太冷或太热。同时，家里要保持相对安静，声响以不影响宝宝睡眠为度。此外，还要让宝宝知道，爸爸妈妈就在宝宝附近，以利于宝宝安心入睡。

每个宝宝都有自己的睡眠习惯，父母在护理宝宝睡觉的过程中应根据宝宝的睡眠特点找出适合宝宝的睡眠规律。在确认这个规律能保证宝宝健康发育的情况下，坚定不移地去实行。

关注宝宝睡眠时的冷暖

宝宝睡觉时，父母应关注宝宝的冷暖，避免宝宝睡觉时过冷或过热，从而引发感冒或其他疾病。在宝宝睡觉时，新手爸妈需观察宝宝是否发生踢被子，在宝宝被包裹的情况下，通过观察宝宝头发、衣服是否过湿，身体是否冒汗等来辨别宝宝是否过热。也可以通过观察宝宝睡觉时是否来回翻滚、难以入睡来判断是否是由过冷或过热。还可以通过大人手掌的温度来测量，宝宝体温与大人手温差不多即可。过热或过凉时，需考虑即时给宝宝更换被子。

宝宝的寝具要合适

宝宝的寝具选择不仅关系到宝宝的睡眠质量，也关系到宝宝的健康发育问题。选择宝宝的寝具时应优先考虑舒适度、安全性、实用性问题。选择的枕头应软硬合适、高度合适、宽度合适，小床应安全性高，枕芯应柔软、透气、吸湿性好，床单被套应安全、舒适，被子大小合适、柔软度适中、透气性好。

警惕厨房的安全隐患

厨房是烹饪美食的地方，但制作美食所用到的刀、剪、火、燃气等对宝宝来说都是“一级危险物”。只有规避厨房安全隐患，做好防范措施，才能有效预防危险事故的发生。

→ 菜刀、剪刀、水果刀等尖锐工具都要放在刀具架内，开瓶器、打火机等危险物品都放在宝宝不能接触到的地方。

→ 所有潜在危险或容易引起窒息的东西都应该远离宝宝，即使宝宝爬到厨房台面上，也不能接触到。

→ 电饭煲、微波炉、热水器等电器在不用的时候都应该处于断电状态，电线不要随便垂放，以防宝宝随意拉拽，发生意外。

→ 务必将家中的燃气灶关闭，不使用时要将总阀门关闭。

→ 椅子、凳子等都收好，不要让宝宝有爬到桌子上的机会。

放好家中的药

为了给宝宝更好的居家照护，建议家长给宝宝准备一个专用家庭小药箱。但很多药看上去和宝宝平日喜欢吃的糖果没什么区别，避免药物中毒等事件的发生，请务必妥善保存家中的药物。

专属宝宝的小药箱

药物

· 退热药：对乙酰氨基酚（泰诺林）、布洛芬（美林）

· 抗过敏和皮疹药物：氯雷他定（开瑞坦）

· 口服补液盐

· 止咳药

工具

· 给药用的量具：滴管、有刻度的药匙、计量杯

· 绷带：各种尺寸的绷带和纱布

· 鼻腔注射器和含盐滴鼻剂

· 体温计

存放药物的小方法

→ 药物不要随意放在桌子上，一定要存放在柜子里或者宝宝不易够到的地方，特殊药物要加锁管理。

→ 宝宝的药放在专属宝宝的小药箱中；不同药物分类保存，外用药和口服药分开；定期检查，清除过期药物。

家中的植物安全吗

绿色植物虽然能装饰屋子，但有些植物对于宝宝来说却是健康的“隐形杀手”，甚至有的宝宝还因为不能分辨叶子和其他食物的区别而误食。所以，要了解家中的植物是否安全，宝宝误食植物该怎么办。

在购买前一定要询问植物的基本知识，如是否有毒等。例如郁金香、含羞草等植物可能导致宝宝过敏；兰花、百合会释放香气，容易引起宝宝中枢神经兴奋，从而引起失眠。

虽然已经警告过宝宝不准吃叶子，但效果总是不太理想。所以，严格监督依旧是主要的预防之道。

定期给宝宝房间进行“体检”

宝宝的房间一定是家长饱含爱意装扮的。舒服的床、漂亮的窗帘，再摆放上宝宝喜欢的玩具。但随着时间的推移，有些物品不再牢固，或者已经出现隐患，为了宝宝的健康和安全，进行一次“体检”吧。

→ 检查宝宝的床上是否放置或拴有带子、绳子等物品，以免宝宝在床上玩耍时绊倒或勒住脖子。

→ 检查宝宝床上是否放置了大娃娃或者大玩具，以免影响宝宝的活动范围，导致宝宝睡觉时窒息。

→ 检查家具、婴儿床的护栏等是否平稳坚固，有没有松动或者缺少零部件。床的边缘部位有没有贴上防撞条，以免宝宝磕伤、摔伤。

→ 检查电源插座和开关是否加上了保护装置，检查电线是否破损。

宝宝玩具一定要安全

玩具，陪伴宝宝整个童年的伙伴，材质、大小、形状不尽相同。正是这些宝宝每天都会把玩的玩具，成了婴幼儿意外事故发生的“元凶”。家长务必要重视玩具的安全性，从而规避危险的发生。

- → 确保玩具上没有让宝宝误吞、窒息的小零件，如纽扣、珠子、按钮等。即使是积木、球等小玩具，直径不能小于4厘米。
- → 保证玩具没有尖角或碎片，经常检查玩具有没有零件松动。即使是十分安全的新玩具，经过摔打、磨损之后也会变得不安全。
- → 留心玩具的材质。薄而易碎的塑料玩具很容易裂开，留下锋利的边缘或锯齿状的缺口。有些材质不好的玩具，还会导致宝宝过敏，甚至中毒。
- → 选择玩具要符合宝宝的成长阶段和性格特征。如果宝宝正是爱扔东西的时期，比较适合玩不易碎的玩具，如泡沫、布娃娃、塑料杯、纸飞机等，能让他了解不同材质的玩具在摔后有什么不同的效果。

防止宝宝坠床

很多家长都发现，自从宝宝会翻身后，睡觉的时候总是爱翻身，于是妈妈无时无刻不担心宝宝。稍有不慎，就很容易从床上跌落下来，妈妈既心痛又自责。不妨试试以下措施，预防坠床的发生。

婴儿床加装护栏。月龄较小的宝宝待在装有护栏的婴儿床里，再怎么爬和翻身都不太容易掉到地上。此外婴儿床护栏间隔距离必须小于10厘米，才不会出现宝宝卡头的危险。

注意床外安全。建议家长在床周围的地面上也铺上一些柔软的东西，如泡沫垫、海绵垫等，这样即使宝宝发生坠床，也不会有严重的摔伤。离床较近的地方尽量不要放置桌子、水壶等危险物品，以免误伤宝宝。

宝宝与宠物能否和平相处

经常在网上看到宠物和宝宝的各种暖心瞬间，满满都是爱，好多妈妈都心生羡慕。但有了宝宝之后，宝宝真的可以和宠物和平相处吗？

曾有育儿专家建议，当家中有宝宝时，尤其是年龄尚小的宝宝，尽量不要在家中饲养宠物。因为宠物的唾液中会带有病毒，皮毛上也有很多细菌。而宝宝皮肤娇嫩，抵抗力差，很容易因为接触到宠物唾液，甚至直接被咬伤，从而发生意外事故。

如果已经饲养宠物的家庭，一定要定期带宠物做检查，驱虫、打防疫针等必不可少。不要认为宠物很乖，就放弃安全防护措施，以免发生危险。

汽车安全座椅不能少

爱玩、爱动是宝宝的天性，并且没有安全意识，对危险情况的发生从不设防，可谓“无知者无畏”。宝宝跟家长一起外出坐车的时候，安全座椅可以对宝宝的身体起到一定程度的固定作用，建议每个家庭都为宝宝购买安全座椅。

选择安全座椅。首先要根据宝宝的年龄、体重选择合适的座椅类型。还要关注座椅的具体细节，例如固定方式、安全扣、安全带、材质工艺和宝宝的坐感是否舒适等，一般情况下儿童座椅都有ECE（联合国欧洲经济委员会汽车法规）标识，家长可以留心观察一下。

使用安全座椅。要确保座椅与车中的安全带配合使用，紧贴宝宝，两条跨肩安全带的锁扣与腋窝水平，不使用过大腿的安全带，很容易导致宝宝受伤。如不明白，可在专业人士的帮助下正确安装和使用安全座椅。

宝宝拒坐安全座椅。如果宝宝不接受安全座椅，两个大人同行，一人开车，一人在后座和宝宝玩。或者准备一些宝宝喜欢的玩具、儿歌等，分散宝宝的注意力或者引导宝宝看看窗外的风景，等宝宝适应和习惯就好了。千万不要因为宝宝的哭闹就放弃安全座椅。

推婴儿车出门需要注意什么

带宝宝外出，婴儿车成了宝宝的专属“坐骑”，也能帮妈妈省不少体力。但如果在路上不能把控好婴儿车这个“帮手”，就容易出现各种问题。接下来我们就来学习下推婴儿车出门时的注意事项，让宝宝和妈妈的安全出行有保障。

事项 1

推着宝宝过马路时，切勿焦急行动，即使在绿灯亮起时走人行横道通过也要看好过往的车辆。如果没有人行横道，可选择走地下通道或过街天桥。

事项 2

留意人行道上的汽车出口或者停车场出入口，确认有无车辆经过再前行。过马路时，家长要保护好宝宝，并且家长的手不能离开婴儿车。

事项 3

不要在车多的马路上推宝宝散步，以免汽车尾气对宝宝的身体造成危害，路过施工工地时也要尽量绕行，以免宝宝吸入尘土或高空坠物，发生危险。

事项 4

推着婴儿车停靠时，一定要避免将婴儿车停靠在车辆旁，因为婴儿车较低，停在车辆旁边容易进入开车司机的视觉盲区。

婴儿背带，解放爸妈的双手

有些宝宝，一离开妈妈就会哭闹不安，但总抱着宝宝，妈妈的双手被占据就什么都干不了。还好有婴儿背带来帮忙，既满足宝宝对妈妈的需求，又能解放妈妈的双手。

婴儿背带的好处

背带随身带着宝宝走，可以开阔宝宝视野，使其有更多机会接触周围的人或事物，促进其心智及生理等更好地发展；将哭闹的宝宝放在背带中，可以有效缓解宝宝哭闹，还能解放家长的双手。

婴儿背带的选择

婴儿背带的选择要选包覆面积大的，过于沉重且肩带太窄、太薄、没有腰部支撑的背带。这样的背带不仅会损伤家长的腰部和肩膀，还让宝宝不舒服。如果是卡住宝宝裆部的背带，不要购买，容易伤害宝宝的脊椎和排泄器官。当然，选购背带时也要尽量避免化纤面料。

Part 4

携手抵御病魔，为宝宝健康保驾护航

宝宝能够健康长大是所有父母的心愿。

然而，在宝宝成长的过程中，娇小的身体常经受多种病魔的侵扰。

本章将指导新手爸妈为宝宝构筑健康防火墙。

婴幼儿生病照护新主张，让孩子少遭罪

作为宝宝的监护人，爸爸妈妈能优先发现宝宝的异常情况。如果爸爸妈妈在宝宝生病时做了一些错误的护理，不仅缓解不了宝宝的不适症状，还有可能延误宝宝病情，甚至危及宝宝的生命。为了宝宝的健康，新手爸妈要及时更新自己的“资料库”，掌握疾病应对的新主张。

病理性黄疸需要采取蓝光治疗

老一辈的爷爷奶奶常认为“十孩九黄”，刚出生的宝宝出现黄疸是正常的，等宝宝满月了或者长大点黄疸自然会消退，不需要治疗。通常人们会认为，医院里照蓝光的宝宝多，护士少，照顾起来没有自家人精心，而且担心照蓝光还影响宝宝的健康，在家有专人照顾宝宝，每天晒晒太阳也有助于“退黄”。其实，并不是所有的黄疸都会自然消退，也不是晒晒太阳就够的。

新主张

蓝光照射治疗是国际上公认的对新生儿黄疸干预直接、简单、有效的方法。在照蓝光的时候会给宝宝遮住眼睛，不会出现蓝光直接照射眼睛的现象。黄疸分为生理性黄疸和病理性黄疸，生理性黄疸在宝宝状态良好的情况下可自动消退，但是若宝宝状态不佳或患的是病理性黄疸，就一定要采取蓝光治疗，否则会让黄疸进一步加重，出现胆红素脑病，给宝宝造成不可逆的损伤，甚至导致死亡。

宝宝发热时不宜捂热

常听一些家长说：“捂一会儿，汗出来就不烧了”，还有一些家长觉得宝宝发热怕冷，因此要多穿点、多盖点，于是里三层外三层地把宝宝包裹得严严实实，只露出一个红彤彤的小脸蛋。试图通过捂热出汗来退热的家长不少，其实，这种做法是不科学的。

新主张

当宝宝发热时，把宝宝的衣服略微解开，使其充分散热。宝宝发热时，包得严严实实反而会影响到机体的散热，使体温上升，甚至处于高热状态。在高热时宝宝机体代谢亢进，耗氧量增加，加之宝宝长期在这种闷热的高热环境中，长时间下来极有可能导致机体多器官衰竭，甚至因为捂热综合征危及生命。

癫痫时不要往宝宝嘴里塞东西

当宝宝发生癫痫时，家人为了避免咬舌的危险，根据传统做法，爸爸妈妈通常会强硬将宝宝的嘴巴打开，拿汤匙、筷子或硬的东西塞入口中以免咬伤舌头。

新主张

当宝宝出现癫痫发作征兆，家长首先要保持镇定，把宝宝放在一个相对安全的地方，解开宝宝的衣服，把宝宝的头侧向一边，以免呕吐物反流阻塞了气管而引起窒息。宝宝口内范围小，不会自己咬伤自己的，把东西塞到嘴里反而会阻塞气道导致窒息。

勿盲目听信偏方

家里老人有很多的老方法、土方法，既有前辈留下来的“经验之谈”，也有自己总结出来的经验，其中不乏很多偏方。家里的老人有时会念叨“谁家的孙子得了什么病，没去医院，就是用偏方治好的。”当宝宝出现类似症状或疾病后，因为去医院还需要预约、排队、候诊，很是麻烦，老人就会想着用同样的方法缓解宝宝的不适，甚至用偏方“治疗”宝宝的疾病。其实这是不可取的。

新主张

现在很多偏方鱼龙混杂，没有经过药理验证和正规的试验，更别说临床试验的验证了。

换句话说，所谓的偏方，其治病理论和治疗效果都是不可考的，所以，为了宝宝的健康，要去医院就诊，不要尝试所谓的偏方。

宝宝生病时谨慎输液

不少家长在宝宝生病时，不管什么情况都毫不犹豫地“建议”医生输液。现在在有些诊所、医院都不乏儿科输液室人满为患的情况。其实，生病就输液背后潜藏着很大的风险。

新主张

人体有一定的自愈能力和免疫力，如果一生病就输液，很可能干扰宝宝正常的自愈力。而且，输液直接进入静脉，一旦产生不良反应来势凶猛，很难采取补救措施。但是，遇到不得不输液的情况也不能拒绝输液。其实，对于是否选择静脉输液，主要看两个方面：首先看所选用的药物的性质，有些抗生素或者其他一些药物需要液体稀释溶解后静脉给药；其次看是患有需要输液的疾病，比如严重的感染需要大剂量的使用抗生素；高热、腹泻等导致体液丢失或出现脱水症状需要及时补充液体及纠正电解质紊乱等。

腹泻时不宜立即用止泻药

有很多家长看到宝宝腹泻，身体虚弱，担忧之下就会给宝宝采取止泻的措施，认为只要腹泻止住了，宝宝就不难受了，宝宝体内的水分流失也得以控制，不会出现脱水症状。其实，这是在将宝宝体内的病原体留在体内，并不明智。

新主张

虽然宝宝腹泻时可能因丢失水分过多造成脱水，但仅仅止泻，容易导致病原体、代谢物滞留于肠内。比如宝宝患有细菌性肠炎时，肠道内致病细菌造成肠黏膜损伤，引起脓血便。若此时止泻，其肠道内大量细菌和毒素就会留在体内，引起毒血症或败血症等病症。正确的做法是在不刻意止泻的前提下，注意预防和纠正脱水，并及时补充营养，然后根据医生的指导针对腹泻原因用药。

不要轻易使用滴鼻净缓解鼻塞

滴鼻净是治疗伤风感冒和鼻炎引起鼻塞的药物之一。鼻塞时，往鼻子内滴上 1 ～ 2 滴滴鼻净可以起到立竿见影的效果。婴幼儿受凉时或鼻腔有异物很容易引起鼻塞，以致发生婴幼儿在吃奶时被呛的情形。一些父母，考虑到滴鼻净的效果很好，宝宝一旦鼻塞就忙着给宝宝滴上几滴，以为宝宝解决鼻塞之苦。殊不知，这样的做法很危险。

新主张

婴幼儿因鼻黏膜和神经系统发育不全，很容易使药物通过黏膜吸收，极易引起中毒，表现为烦躁不安、呼吸困难，严重时可致呼吸衰竭而威胁生命。所以，3岁以下婴幼儿应禁止使用滴鼻净。当宝宝鼻塞时，若为分泌物堵塞，清理鼻中的分泌物；若为感冒引起的鼻部黏膜充血肿胀，用热毛巾湿敷鼻子缓解鼻塞。

不宜用奶瓶给宝宝喂药

有些父母认为，宝宝对奶瓶有特殊的情感，在宝宝的潜意识里，奶瓶是用来喝奶的，如果用奶瓶喂药，宝宝容易接受。但是现实中，很多父母发现奶瓶喂药“可一不可二”，甚至因为用奶瓶喂药导致宝宝抗拒用奶瓶喝奶。

新主张

奶瓶的刻度存在误差，而且误差较大，宝宝的液体药剂给药量少，要求准确，奶瓶不能达到要求。如果是粉剂，很可能在奶瓶喂养的过程中喝不完，摄入量达不到要求，影响药效。在宝宝的潜意识里，奶瓶与奶关联，一旦让他发现奶瓶中不是奶而是其他他不喜欢的东西，就会对奶瓶失去信任，或者说对家长失去信任，他就会变得不喜欢用奶瓶，即使里面装的是真的奶也会拒绝。所以不能用奶瓶喂药。

肚子痛时慎服止痛药

在宝宝腹痛早期，还没弄清楚具体情况，有些家长因爱子心切，不分青红皂白就给宝宝服用止痛药。这时候疼痛虽然暂时减轻了，宝宝的哭闹也停止了，但后果却很严重。因为肚子痛是一种较为常见的疾病，有的是由寄生虫引起的，有的则可能是由某些疾病引起的，如阑尾炎、胰腺炎以及肠道感染等，没有弄清肚子痛的原因，就不能给宝宝随便服用止痛药。

新主张

肚子痛是表示宝宝身体内有病症存在，如果肚子痛持续存在并加重，是提醒家长宝宝的病情在加剧，应该尽快就医。如果此时给宝宝服用止痛药，会掩盖病情，给诊疗带来更大的困难。如急性阑尾炎时不及时就医往往会发生穿孔，即使最终宝宝得到了救治，也会对宝宝的健康造成不必要的损害。所以，在宝宝腹痛时就去医院检查，以便对症下药，得到及时治疗。

干酵母片并非消化不良的灵丹妙药

宝宝消化功能弱，肠道运动及分泌消化液的功能易受内外因素的影响，因此，消化不良比成人多见。有些家长见宝宝不肯吃饭，于是不分青红皂白就给宝宝服用干酵母片，以为干酵母片能促进消化，将干酵母片当成治疗消化不良的灵丹妙药。

新主张

干酵母片中含有B族维生素，其作用与复合B族维生素差不多，主要用于防治B族维生素缺乏症，对于消化不良或食欲不振的作用甚微，还会使人胃中的淀粉产生气体和酸类，引起嗳气，吃多了会引起腹泻。所以，消化不良由多种原因所致，应及时查找原因，对症下药，而不是依靠酵母片助消化。

宝宝咳嗽慎用止咳药

由于宝宝抵抗力差，抵抗外界病菌感染的能力低，因而容易发生呼吸系统炎症，引起咳嗽。很多家长一看到宝宝咳嗽就心疼，赶紧帮宝宝找药吃，要是家里没有儿童止咳药，甚至拿成人的止咳药给宝宝吃。有的家长认为，宝宝久咳会耗气伤阴，不利于宝宝的健康成长，必须要先止咳。

新主张

从婴幼儿的生理上说，咳嗽是一种保护性反射：咳嗽能促使呼吸道的痰液或异物排出体外。止咳药之所以可以止咳，是它抑制咳嗽反射。因此，单纯地止咳不仅不能解决根本问题，还会造成痰液大量潴留在呼吸道内，引起气管阻塞，出现胸闷、呼吸困难等，甚至激发细菌感染。

麻疹早期慎用退烧药

麻疹是由于感染麻疹病毒而引起的急性呼吸道传染病。发热出现于麻疹的全过程，并随着麻疹病毒的活力强弱而变化不一。发热常日低夜高，逐日升高，可达40℃。婴幼儿感染麻疹病毒发生高热惊厥的概率增加。有的家长看到宝宝发热心疼不已，在宝宝发热之初就给宝宝使用家中常备的退烧药。殊不知，如此急于退热，不仅不能使宝宝早日康复，还有损机体。

新主张

麻疹早期临床上主要表现为上呼吸道感染症状，很容易被误诊。过早或过量使用退热药，会使患儿出汗过多，不仅丢失大量体液，还会使体温降低而影响麻疹的透发。但这并不意味着不能给患儿使用退烧药，若患儿体温过高，持续超过39℃以上，会使出疹时间延长，极易发生严重并发症，所以，控制发热也是必需的。婴幼儿感染麻疹病毒要及时就医。

宝宝生病，新手爸妈应做好日常护理

宝宝生病后，家长都希望宝宝尽快恢复，但是如果家长只知道将宝宝送医院，是远远不够的。精心的日常护理也是防治疾病的关键，如果新手爸妈掌握了婴幼儿常见病的日常护理，将有助于促进宝宝身体恢复。

各种黄疸分情况应对

大部分新生的宝宝在出生后一周内会出现皮肤黄的现象，这是由于宝宝体内胆红素沉积在皮肤表面所致，是新生儿的常见症状之一。新生宝宝发生黄疸可能是生理性的，也可能是病理性的。

基础护理

生理性黄疸一般不需要特殊的治疗，家长正确护理很重要。

判断黄疸的程度。爸妈可以在自然光线下，观察新生儿皮肤黄染的程度。如果仅仅是面部黄染，为轻度黄疸；躯干部皮肤黄染，为中度黄疸；如果四肢和手足心也出现黄染，为重度黄疸。

让宝宝尽早排出胎便。在早期要尽早进行母乳喂养，促进胎便尽早排出，因为胎便里含有很多胆红素。如果胎便排不干净，胆红素就会经过新生儿的特殊的肝肠循环重新到吸收到血液里使黄疸增多。胎便从黑色胎便转变为黄色便便，就是胆红素排干净了。

补充充足的水分。判断新生儿液体摄入是否充足的办法是看新生儿的小便。一般新生儿一天6～8次小便，如果次数不足，有可能宝宝的母乳或配方奶摄入不够，小便过少也不利于胆红素排出体外。

晒太阳。每天早上10点左右，阳光不是很厉害的时候，可以给宝宝晒太阳，要晒到宝宝尽量多的皮肤，但要保护宝宝的眼睛。另外，还要注意给宝宝做好保暖工作，不要因晒太阳而吹风受凉。

停止母乳。如果以上方法都不管用，可以尝试停止母乳喂养2～3天，因为黄疸高形成的原因可能是母乳。如果是这种情况，停止喂养母乳以后黄疸指数就会下降的。如果是母乳性黄疸，症状较轻时，可以继续吃母乳，症状重时应该停用母乳，改用配方奶，等宝宝黄疸退了，可以继续喂母乳。

就医指南

如发现有病理性黄疸表现，请及时就医，以免贻误病情。

- 足月儿在生后 24 小时以内，早产儿在 48 小时以内出现黄疸。
- 血清胆红素超过同日龄正常儿平均值，或每日上升超过 0.28 毫摩 / 升。
- 黄疸进展快，即在一天内加深很多。
- 黄疸持续时间长（足月儿超过 2 周以上，早产儿超过 3 周）或黄疸消退后又出现。
- 黄疸伴有其他临床症状，或血清结合胆红素大于 0.08 毫摩 / 升。

发热是一种症状

发热不是一种疾病，而是一种症状，发生在宝宝身上时，通常是身体应对感染（包括病毒感染、细菌感染和混合感染）的一种正常反应。

基础护理

爸爸妈妈在护理发热宝宝时，主要是让宝宝感到舒服，同时还要观察有无伴随发热出现的症状，寻找可能有助于确诊疾病的相关线索，以期早点让宝宝退热。具体护理方法如下。

新生儿不宜采用药物降温。新生儿体温调节功能尚未发育完善。发热时家长不宜擅自用药，应及时送医院就诊，以免贻误病情。

保持家居空气流通。散热主要是通过对流、传导和蒸发三种机制进行的，故将房间中的空气流通起来，有利于保持室内空气新鲜。

鼓励宝宝休息。因为活动会让体温升高，要让宝宝多休息。

做好口腔清洁。高热时唾液分泌减少，口腔黏膜干燥，这时口腔内食物残渣容易发酵，有利于细菌繁殖，可能引起舌炎、牙龈炎等。家长要帮宝宝及时清洁口腔。

多饮水。饮水可以纠正因发热而出现的脱水。饮水还可以帮助退热。

饮食宜清淡营养。给予宝宝清淡、易消化、有营养的食物，如米粥、青菜汤等，还要多吃新鲜水果。

就医指南

当宝宝出现以下情况之一，爸爸妈妈要立即带他去医院就医。

- 发热超过38.5℃。
- 持续发热超过72小时。
- 出现高热惊厥或痉挛发作。
- 喘息或者呼吸出现问题。
- 耳痛。
- 严重咽痛。
- 吞咽困难。
- 不停地哭闹，易怒，烦躁不安。
- 颈强直（头部不能自由转动和仰头、低头）或下颌不能与颈部接触。

→ 发热伴随呕吐或腹泻。
→ 出现粉红色斑点或皮疹。
→ 退热后又复发。
→ 意识模糊，难以唤醒。
→ 接受免疫接种48小时内。

6 个月以后，宝宝易感冒

感冒是上呼吸道感染的俗称，是宝宝常见的呼吸道疾病，多发于 6 个月以上的宝宝，一年四季均可发生，尤其多发于季节变换之时。

基础护理

感冒没有特效药，从感冒开始到机体自身产生一定数量的抗体对抗感冒需要一定的时间，此阶段需要爸爸妈妈精心护理，以免病情反复，主要有以下注意事项。

仔细观察。每日查看宝宝身上有没有出现皮疹，大腿根部、腋下有没有肿块，眼神是否发呆，全身皮肤有没有出现血点等。因为有些传染病如猩红热与水痘等早期症状和感冒差不多。如果发现宝宝感冒后迟迟不能恢复，或症状逐渐加重，出现咳嗽、气急、体温不稳定或退热后又反复出现高热，就要想到病情是否加重或有无并发症。

监测体温。随时观察宝宝体温，如果发热要注意降温，保证其体温不超过 38.5℃。注意让房间保持适宜的温度，避免宝宝过热或过凉。

补充水分。尽可能保证液体的摄入，让宝宝多饮白开水，避免出现脱水。

让宝宝多休息。保证宝宝的休息和睡眠，这样就可以帮助他尽快恢复。患儿越小，越需要休息。

保证空气流通与湿润。即使宝宝生病了，也要每天开窗通风，让室内拥有充足的新鲜空气。一般情况下，即使在冬季也要保证每天通风 2 次，每次 30 分钟。在通风时，不要让风直吹宝宝。家长可以用加湿器增加宝宝居室的湿度。

缓解鼻塞。如果宝宝鼻塞，应帮助他抬高上身或让他侧躺，可以缓解其呼吸困难。可以在宝宝鼻孔下方，放一块热气腾腾的毛巾，当蒸气钻进鼻孔有助于缓解鼻塞。

就医指南

当宝宝一旦出现以下情况之一，爸爸妈妈要立即带他去医院就医。

→ 发热超过 38.5℃。
→ 发热持续 72 小时。
→ 耳痛。
→ 易激惹或冷漠。
→ 喘息、呼吸困难或呼吸急促。
→ 咽痛加重。
→ 嗜睡或难以唤醒。
→ 鼻腔分泌物变成绿色或是脓样。

宝宝咳嗽别慌乱

咳嗽不是疾病，为了防止黏液或脓液在气管中堆积，是一种自我保护的反射。

基础护理

家庭中的基础护理仅仅能降低气道的反应速度，但不能彻底治愈引发咳嗽的疾病。除非病因被排除，否则咳嗽不会轻易停止。因此，父母应做好以下几个方面的事项。

房内保持适宜的温湿度。适宜的温度和湿度是保持宝宝呼吸道通畅的重要因素。温度过高、湿度过低时，会降低宝宝呼吸道抵御病毒、细菌的能力，反复遭受致病毒、细菌的侵袭，呼吸道内膜受到损伤，宝宝的咳嗽就会长时间不愈。对宝宝来说，室内温度在18～22℃最为适宜，环境湿度最好高于50%。这样能有效抑制病毒和细菌，防止病毒、细菌侵袭。

外出注意保暖。通常情况下，冷空气会导致咳嗽加剧，宝宝冬天外出注意保暖。

注意排痰。宝宝咳嗽痰多时，应将宝宝的头抬高，促进痰液的排出，减少腹部对肺部的压力。

不在污浊的空气下逗留。家长不要在室内吸烟，或让宝宝暴露在二手烟的环境下。此外，宝宝也应避免去到有化学烟雾或污染的空气环境下，这些刺激都会造成肺部损害和咳嗽加剧。

补充水分。咽部干燥是导致宝宝患咽炎的原因之一，而咽炎则是导致宝宝慢性咳嗽的常见原因。平时多补充水分，保持咽部湿润，能缓解咳嗽。

少吃辛辣甘甜的食物。辛辣食物会刺激宝宝咽喉，让咳嗽加剧；甘甜食物具有滋腻的特性，会抑制体内白细胞的免疫作用，不利于身体康复。

就医指南

当宝宝出现以下情况之一，爸爸妈妈要立即带他去医院就医。

- 出现呼吸困难或嘴唇、指甲青紫。
- 由于食物或是其他异物堵塞引起的突然剧烈咳嗽。
- 由于咳嗽引起的窒息、昏迷。
- 咳出的黏液带血。
- 咳嗽发作影响到睡眠。
- 喘息或呼吸频率加快。
- 发热持续 72 小时医生。
- 出现 3 次以上咳嗽导致的呕吐。

哮喘关键在控制

哮喘属于过敏性疾病，往往由过敏原或呼吸道病毒感染所引发。哮喘是一种慢性疾病，需要与医生很好地配合并长期治疗。

基础护理

爸爸妈妈在护理患哮喘的宝宝时，要根据病情的严重程度采取不同的办法。

保持合适的体位。让哮喘急性发作的患儿取坐位或半坐位，以减少胸部呼吸肌的阻力，从而使呼吸感到通畅。

远离诱因。尽量保持室内清洁，特别是宝宝的卧室，以减少过敏原。要定期更换暖气和空调的过滤网，每周使用吸尘器清理房间，以减少皮屑、真菌、尘螨。

避免冷空气刺激。在接触冷空气前，做好防护措施，如戴口罩，这样宝宝吸入的就是较为温暖的空气，有利于降低哮喘的发作。

坚持锻炼。体育锻炼可改善心肺功能，增强体质。哮喘患儿在应用药物的同时进行适当的体育运动，如游泳、间歇性运动、呼吸训练、医疗步行等，可增强治疗效果，特别鼓励室外运动，经常接触大自然，逐渐适应气候和环境的变化，避免或减少因受凉而诱发哮喘。但需注意，哮喘急性发作期应停止体育锻炼。

注重情志调护。中医学认为，精神刺激、情志变化常可导致气机郁滞，影响脏腑功能，致肝郁气滞，化火伤阴，损伤肺脾肝肾，诱发或加重哮喘。故应注重哮喘患儿的情志调护，做好心理疏导，让患儿保持良好的精神状态，增强其战胜疾病的信心，鼓励其积极配合治疗。

就医指南

当宝宝出现以下情况之一，爸爸妈妈要立即带他去医院就医。

- 发热超过38℃，持续时间超过24小时。
- 喘息或呼吸困难。
- 有脱水的征象，如嘴唇开裂、无泪、尿少、嗜睡或易激惹。
- 由于呼吸急促导致不能说话。
- 不能耐受药物。
- 痰的颜色从白色变为黄色或绿色。
- 皮肤、嘴唇或牙床变成蓝色或漆黑色。
- 喘到不能很好休息。
- 睡眠过多。
- 在进行家庭治疗24小时后没有好转的迹象。

肺炎要彻底治愈不留病根

宝宝所患的肺炎多是小叶性肺炎，是由肺炎链球菌、葡萄球菌、链球菌以及流感杆菌引起。病毒、细菌常侵犯宝宝支气管、肺泡，因此肺炎又叫支气管肺炎。

基础护理

一旦发现宝宝患上了肺炎，一定要第一时间送往医院。虽然有医生的治疗，但是爸爸妈妈的陪护工作也要做到位，才有利于宝宝的康复。

时刻关注宝宝动态。家长要密切观察宝宝的体温变化、精神状态、呼吸情况。

提供适宜宝宝的生活环境。一个安静、整洁、温度湿度适宜的环境，有利于肺炎患儿恢复。室温应保持在20℃ 左右， 相对湿度55%～65%，可防呼吸道分泌物变干、不易咳出，防止交叉感染。宝宝尽量不要去人员太多的室内，探视住院宝宝者逗留时间不要太长；室内要经常定时通风换气，使空气流通，但应避免穿堂风。

保证休息。宝宝应卧床休息，以减少耗氧量，保护心肺功能。

注意补液。多喝水，有利于痰液的排出和机体的正常运作。因此，妈妈应该鼓励宝宝多饮水。尽量母乳喂养，若是人工喂养的宝宝，可根据宝宝的消化功能及病情决定奶量及配方奶的浓度。如果宝宝腹泻，建议喝特殊配方奶。对病情严重、不能进食的宝宝，应用静脉输液适当补充热量和水分。

保证呼吸道通畅。家长要及时清理宝宝的鼻痂及呼吸道分泌物。痰多的肺炎患儿应该尽量将痰液咳出，防止痰液排出不畅而影响身体恢复。在病情允许的情况下，家长应经常将宝宝抱起，轻轻拍打其背部；卧床不起的宝宝应勤翻身，这样既可防止肺部瘀血，也容易使痰液易咳出，有助于身体康复。若排痰不畅应及早告知医生，进行雾化吸入治疗，以稀释痰液利于痰液的排出。

就医指南

宝宝一旦出现以下情况之一，爸爸妈妈要立即带他去医院就医。

- 发热超过38.5℃。
- 嘴唇或指端青紫。
- 咳黄黏痰。
- 咳嗽持续2周。
- 痰中带血。
- 食欲不振。
- 睡眠因咳嗽受到影响。
- 病情恶化，呼吸困难。

湿疹正确用药好得快

小儿湿疹是一种变态反应性皮肤病，也就是过敏性皮肤病，是2岁以内婴幼儿常见疾病，通常2～3个月的婴儿较为严重。湿疹是一件让家长都非常头疼的事情，因为稍有不注意就复发。

基础护理

如果宝宝只是患有轻微的湿疹，有点变红、脱皮和出现几个小的丘疹，一般可以不用去医院，父母只要加强生活护理，并调整宝宝的生活环境即可。日常护理有以下几个方面。

避免阳光照射。患有湿疹的宝宝长时间晒太阳容易引起脱皮结痂，所以父母带宝宝外出时，不要让太阳直接照射宝宝有湿疹的部位，否则会加重瘙痒感。

适宜的室内环境。患湿疹的宝宝房间内温度不宜过高，并且不宜铺地毯。宝宝的房间应定时通风，打扫卫生时建议用湿毛巾或吸尘器清除灰尘，避免扬尘。

避免挠抓湿疹部位。家长应勤给宝宝剪指甲，避免宝宝抓破疱疹引起继发感染。

洗澡也要注意。宝宝患湿疹后千万别用过热的水洗澡，也尽量不用沐浴露，以免加重对宝宝皮肤的刺激。

选择合适的衣物。患湿疹的宝宝贴身衣物、被褥必须是纯棉的，外衣的领子也应该是纯棉的。衣服应该宽松、柔软，并适当少穿些，过热、出汗都会使湿疹加重。

不要进行疫苗接种。宝宝在湿疹发病期间不要接种疫苗，还要避免接触单纯性疱疹患者，以免发生疱疹性湿疹。

避免进食过敏性食物。宝宝容易对牛奶、鸡蛋等动物性蛋白质，以及鱼、虾、蟹等食物过敏，因此应避免吃这些可导致过敏的食物。如果是母乳喂养，妈妈吃某些食物后，宝宝湿疹加重，就说明宝宝对这些食物过敏，妈妈应避免吃这类食物。

就医指南

宝宝一旦出现以下情况之一，爸爸妈妈要立即带他去医院就医。

- 宝宝患有湿疹的同时发热，体温达到38.5℃，且没有其他引起发热的因素。
- 宝宝因瘙痒难以入睡。
- 宝宝抓挠疹子，抓挠处有感染的症状，如脓状的皮肤渗出液或者皮肤泛红，触摸时感觉该处皮肤较热。

水痘要小心继发感染

水痘是由水痘-带状疱疹病毒引起的婴幼儿常见病，传染性极强。一般宝宝在接触水痘患者的7～21天发病，出疹前的1～2天传染性较强。

基础护理

水痘开始的3～4天较为不舒服，此时照顾好宝宝除了需要懂得基础护理知识，还要有足够的耐心。

冷水擦拭。在宝宝发病的起初几天中，应每隔3～4小时进行一次冷水擦拭。放入4勺小苏打或是浴盐，可达到缓解皮肤瘙痒的目的。在两次洗澡之间要留出足够的时间，让疹子能够干燥结痂。

涂止痒药。在沐浴后给瘙痒的小疹子表面涂上炉甘石洗剂可止痒。如果可能，可以让宝宝自己在有疹子的地方自行涂抹。

避免挠抓。剪短宝宝的指甲，不要让他抓挠患处，反复抓挠会造成感染。可以在他睡觉的时候戴上手套，避免他在睡觉的时候无意识地抓挠。

隔离。让宝宝远离其他正常的宝宝，尽量不要出现在公共场合，如小区游乐园，直到他所有的皮疹都结痂，不再具有传染性。

避免刺激性食物。爸爸妈妈应鼓励宝宝多喝清凉的液体。有时水痘会出现在口腔中，在疹子未消退的几天内，进食可能是非常困难的一件事情。爸爸妈妈应提供易于咀嚼的无刺激性的食物，避免宝宝进食高盐食物和柑橘类水果，以免对水痘疹造成刺激。

就医指南

宝宝一旦出现以下情况之一，爸爸妈妈要立即带他去医院就医。

→ 宝宝发热持续4天，还没有好转的迹象。

→ 宝宝发热，颈部疼痛，下巴不能接触到胸脯，或表现得极度疲倦时。

→ 宝宝的瘙痒症状加重，家庭护理没有任何效果。

→ 当宝宝的呼吸变得困难时，需要立刻去医院就诊。

→ 水痘中有血液，或流出血液。

→ 出现红肿疼痛。

→ 无法确定宝宝是否患有水痘，或无法分辨皮疹的类型。

手足口病要注意日常清洁

手足口病是一种高传染的由病毒感染引发的疾病，表现为手、足、口腔等部位的疱疹。少数患儿还会出现并发症。每年6～10月是发病高峰期，好发于5岁以下的幼儿。

基础护理

手足口病传染率高，除了给宝宝做好基本护理以外，还要让患儿与其他小朋友隔离。

做好身体的护理。宝宝皮肤、手脚要洗干净，臀部有皮疹的宝宝，要保持臀部清洁干燥，大小便后要及时清理。

加强对宝宝的口腔护理。定时让宝宝用温水漱口，特别是宝宝进食前后要用生理盐水或温水漱口。对不会漱口的宝宝，可以用棉棒蘸生理盐水轻轻地清洁口腔。

宝宝用过的物品要彻底消毒。可用含氯的消毒液浸泡，不宜浸泡的物品可放在阳光下暴晒。

房间通风。宝宝的房间要定期开窗通风，保持空气新鲜、流通，温度适宜。

避免抓挠。指甲剪短，必要时给宝宝戴手套，不要让宝宝搔抓皮疹，以免感染化脓，对已破溃的疱疹可用碘伏消毒。

注意体温。手足口病患儿会出现发热的情况，一般表现为低热或中等热度，不必特殊处理，可让患儿多喝白开水，通过自身体温调节退热。如果宝宝体温超过38.5℃，可以在医生的指导下给他服用退热药物。

适当隔离。宝宝患手足口病后应暂停去幼儿园或学校，尽量不要外出，避免传染给其他小朋友。

吃不刺激口腔黏膜的食物。为了避免宝宝进食时嘴疼，可以给宝宝进食较凉的食物，以缓解不适。可以让宝宝用吸管吸食，减少食物与口腔黏膜的接触。

就医指南

- 宝宝不足 6 个月。
- 持续 4 天发热。
- 呕吐。
- 宝宝看起来非常虚弱，或者宝宝觉得脖子疼，且不能用下颌接触到胸口。

抵抗力下降的宝宝易患鹅口疮

婴幼儿鹅口疮是由白色念珠菌引发的，发病率比较高，尤其多见于营养不良、体质衰弱、慢性腹泻、长期使用广谱抗生素或肾上腺皮质激素的宝宝。

基础护理

即使得到妥善的治疗，鹅口疮也会持续 2 ~ 3 周。所以，对宝宝来说，患病期间的护理就显得尤为重要。

妈妈要及时清洗乳头。如果宝宝还在吃母乳，一定要在哺乳之前清洗妈妈的乳头，不要用毛巾擦拭，待水分自然挥发后再哺乳。

控制喂奶时间。宝宝患鹅口疮时，妈妈要控制喂奶时间，每次喂食时间都不要超过 20 分钟，同时避免使用安抚奶嘴。

消毒食具。奶瓶、奶嘴等宝宝使用过的食具应煮沸消毒或以压力灭菌消毒，但不要使用化学消毒剂消毒。

宝宝用品分开清洗。宝宝的衣物应单独清洗，毛巾等物品用后应置于阳光下充分晾晒。

不过度清洁房间。家中的环境只要保持干净、整洁即可，不宜过度使用消毒剂消毒，以免生活环境过于干净，阻碍宝宝肠道正常菌群的建立。

涂药。发现宝宝患有鹅口疮后，应根据医嘱在患处涂上药物来消灭白色念珠菌。更重要的是，要同时给宝宝服用益生菌，调整并恢复其肠道正常菌群。

饮食清淡营养足。宝宝在患上鹅口疮期间，要注意选择易咀嚼、富含优质蛋白质的食物，如肉类、蛋类和大豆类食物，并适当提高每天 B 族维生素和维生素 C 的摄入量，可以适当多吃一些水果以及各类新鲜蔬菜等。

就医指南

宝宝一旦出现以下情况之一，爸爸妈妈要立即带他去医院就医。

→ 溃疡面非常疼痛。
→ 任何脱水的征象，如口唇干裂、无泪、8 小时无尿。
→ 宝宝出现发热、咳嗽或消化道症状。
→ 出血。
→ 治疗2周后仍有白色斑点持续存在。

呕吐需警惕原发病

呕吐是胃内容物反入食管，经口吐出的一种反射动作。呕吐可以是独立的症状，也可是原发病的伴随症状，新手爸妈要警惕原发病引起的呕吐。

基础护理

呕吐的宝宝很难受，除了临床上应及时、有效地控制呕吐外，家长也要好好护理呕吐的宝宝。

卧床休息。患儿尽量卧床休息，不要经常变动体位，否则容易再次呕吐。发生呕吐时尽量不要让宝宝躺着，如果躺着建议侧卧，以免呕吐物呛入气管。

时刻注意宝宝的情况。父母要注意观察宝宝呕吐的情况，比如呕吐与饮食及咳嗽的关系、呕吐次数、吐出的胃容物等。

避免吐奶。宝宝吃奶后如果偶然发生了吐奶，可能是他吸了过多空气，下次喂食时应让宝宝完全含住奶头，尽量少吸入空气。待宝宝吮完后可抱起他轻拍背部，直到宝宝打嗝让空气排出。然后，让他保持右侧卧位，并略抬高其上半身。

及时更换脏衣物。衣服被弄脏以后，呕吐物散发的气味会诱发再次呕吐，要及时更换衣物。如果宝宝呕吐频繁，可以在胸前围一条毛巾。

不大量饮水。宝宝呕吐后可用少量水漱口，不建议一次大量饮水。如果宝宝强烈要求喝水，父母可让他少量多次地饮水。

暂时禁食。宝宝呕吐常见于消化功能紊乱，所以当宝宝出现呕吐时，尽量给宝宝清淡、好消化的食物。

就医指南

宝宝一旦出现以下情况之一，爸爸妈妈要立即带他去医院就医。

- 哺乳后出现喷射性呕吐。
- 经常呕吐，体重增长也不快。
- 伴随打喷嚏、流鼻涕、发热。
- 持续呕吐，呕吐物呈绿色，并且伴有血迹。
- 连续呕吐及腹泻。
- 小便的量及次数都减少。
- 呕吐物很多，但肚子还是鼓鼓的。

宝宝腹泻注重家庭护理

腹泻是小儿常见病症之一，每个年龄段的孩子都有患腹泻的可能。纯母乳喂养的宝宝大便偏稀，次数相对较多，是因为母乳中的低聚糖具有“轻泻”作用，这不属于腹泻范畴。

基础护理

治疗宝宝腹泻不能只寄希望于医生，其实日常护理也很关键。在宝宝腹泻时，家长不妨试着这样做。

做好宝宝接触物的消毒。对宝宝餐具、衣物、玩具分类消毒，并保持清洁，避免病从口入。

饭前便后要洗手。大多数感染性腹泻都是由于接触了感染源，比如接触了带病毒或细菌的物品再接触口腔。所以，需要加强个人卫生，要求宝宝饭前便后洗手。

保护臀部皮肤。患病的宝宝腹泻次数多，容易发生尿布疹，因此在宝宝每次便后，要用温水帮他清洗臀部，然后擦干并涂抹凡士林或其他润肤露。

注意腹部保暖。用干毛巾包裹腹部或热水袋敷腹部，可以为腹部保温，有助于减少腹泻次数。

密切关注宝宝的情况。如果宝宝出现腹泻，家长在就医之前应该密切关注以下情况，以便配合医生诊治：宝宝腹泻前有无不适表现，是否呕吐；腹泻次数和排出物颜色、性状；排尿量和间隔时间，特别是就诊前最后一次排尿时间；体温多少，是否进行了退热处理，如果退热了，用的什么退热药等。

纠正脱水。脱水指的不仅仅是水分的丢失，同时还有电解质的丢失。宝宝一旦发生腹泻，尤其是水分含量多、次数多、量大的腹泻，要不失时机地给宝宝服用口服补液盐以补充丢失的水分和盐分。补液要少量多次，使胃内易于吸收，不要一下子给宝宝服用太多。

就医指南

宝宝一旦出现以下情况之一，爸爸妈妈要立即带他去医院就医。

- 持续呕吐。
- 出现严重的脱水征象，表现为尿量明显减少、发黄，囟门下陷、哭时没有眼泪等。
- 大便带血或颜色发黑。
- 昏迷。
- 3个月以下的宝宝如果伴有发热，即使温度不高也需要立即就医。

腹痛千万不能大意

引起宝宝腹痛的原因很多，家长应学会通过观察宝宝的各种异常表现，来判断引起腹痛的可能原因，及时做相应处理或去医院就诊，以减少宝宝的痛苦。

基础护理

当宝宝腹痛原因不明时，家长不妨先做好以下护理，减轻宝宝的疼痛，为及时就医做好准备。

记录宝宝的情况。记录下大便的性状、次数；记录呕吐的次数，对呕吐物的性质进行描述。必要时保留呕吐物，每隔2小时重新确认一下宝宝的病情，如果有任何剧烈的病情变化，如脸色突变，及时就医。

检测体温。给宝宝测量体温，如果宝宝体温略有升高，并且出现严重腹痛或疼痛局限在肚脐周围，可能是急腹症。

禁食。当急性腹痛诊断未明时，建议让宝宝禁食，必要时进行胃肠减压。

热敷。除急腹症外，对疼痛部位用热水袋进行热敷，从而解除肌肉痉挛而达到止痛效果。

找寻减轻疼痛的体位。应协助腹痛宝宝采取有利于减轻疼痛的体位来缓解疼痛。

预防意外伤害。对于烦躁不安的宝宝，应加强防护措施，防止发生意外。

遵医嘱合理应用镇痛药物。应注意严禁在未确诊前随意给宝宝使用强效镇痛药或激素，以免改变宝宝腹痛的临床表现，掩盖症状、体征，进而延误病情。给宝宝用药一定要严格遵医嘱。

就医指南

宝宝一旦出现以下情况之一，爸爸妈妈要立即带他去医院就医。

- 发热超过 38.5℃，持续时间超过 24 小时。
- 疼痛持续时间很长，宝宝看上去非常虚弱。
- 疼痛导致宝宝不停地哭泣或是不愿意移动身体。
- 宝宝行走时一直弯着腰或是按压腹部或一直平卧，拒绝站立。
- 疼痛位于下腹部，无论在哪个位置，持续 1 小时没有明显的改善。
- 呕吐物中出现胆汁或绿色液体。
- 持续、不受控制地呕吐，持续 12 小时以上。
- 在事故或腹部撞击后出现的疼痛。
- 怀疑可能是食物中毒或药物引起的疼痛。
- 大便中出现鲜血或任何油样、暗褐色样便。
- 频繁腹泻 12 小时以上。

别让便秘折磨宝宝

便秘是指宝宝大便异常干硬，引起排便困难的疾病。便秘不以排便时间间隔长短为标准，而是以大便干结、排便费劲为依据的。

基础护理

改善宝宝便秘可以从改善饮食结构下手，并训练排便习惯，加强肠道蠕动。日常护理有以下几个方面。

纠正饮食习惯。想要彻底消除便秘，还要改变不良饮食习惯。膳食纤维或碳水化合物不足都会引发便秘，平时要注意观察宝宝的饮食习惯，并制订营养菜单，有计划地让宝宝多吃蔬菜。

腹部按摩。像滚球一样按顺时针方向按摩肚子，可以刺激肠道，促进排便。跳跃运动也能促进肠道运动，帮助排便。宝宝多进行室外活动或散步也可以促进肠道蠕动，预防便秘。

规律的生活。早上起来习惯喝一杯水后排便的宝宝通常不会有便秘的烦恼，可见良好的生活习惯对于预防便秘非常重要。每天固定时间让宝宝坐马桶，有意识地培养宝宝养成规律排便的习惯。

消除压力。宝宝便秘的另一个主要原因是心理性因素。过于急迫的排便训练，是宝宝便秘的一大诱因。排便训练失败会令宝宝有心理压力，这更容易导致便秘。这时需要中断排便训练，先集中精力恢复宝宝的安全感。

必要时使用开塞露。如果宝宝好几天没有排便，又非常痛苦，可以使用开塞露。但不建议长期人为干预排便。调节饮食，养成良好的排便习惯才是解决便秘的根本办法。

就医指南

宝宝一旦出现以下情况之一，爸爸妈妈要立即带他去医院就医。

- 出生不到1个月的宝宝出现便秘。
- 超过5天没有排便。
- 肛门出血。
- 肛门撕裂或裂伤。
- 排便时伴有剧烈疼痛。
- 持续4周以上的周期性便秘。

爸爸妈妈掌握一些婴幼儿急救知识很重要

比起疾病的有迹可循，有时候意外伤害来得非常突然。爸爸妈妈学点儿急救知识是必不可少的功课，一旦遇到紧急情况就能临阵不惧了。

学会心肺复苏非常重要

心肺复苏术是应用于心跳、呼吸骤停的急救术。一旦发现宝宝出现心跳暂停，家长除了立即拨打急救电话外，还应实施心肺复苏术，抓住黄金抢救时间，为宝宝赢得希望。

Step1

判断患儿的意识，评估呼吸和循环情况。发现宝宝倒地后，轻轻拍击其足跟或者捏掐宝宝的合谷穴，看宝宝是否哭泣，还可以在宝宝耳边大声与他说话，若宝宝无反应，检查宝宝有无呼吸（观察胸廓有无起伏判断有无呼吸）和颈动脉搏动。将一手的食指和中指指尖放在宝宝的喉结旁开两指处，感知宝宝的颈动脉搏动情况。若宝宝无胸廓起伏和颈动脉搏动，应立即开始心肺复苏。

Step2

胸外按压。让宝宝取仰卧位，躺在坚实的平面上。根据宝宝年龄找准心脏按压的部位：新生儿按压胸骨体下 1/3（单手食指和中指置于两乳头连线正下方，或双手拇指置于两乳头连线正下方），儿童按压胸骨下 1/2（双手掌重叠置于双乳头连线水平的胸骨上）。采取指压法，每分钟不少于 100 次按压，按压深度为胸廓的 1/3 厚度（约 2 厘米）。按压与放松的时间基本相等，尽量不要间断。

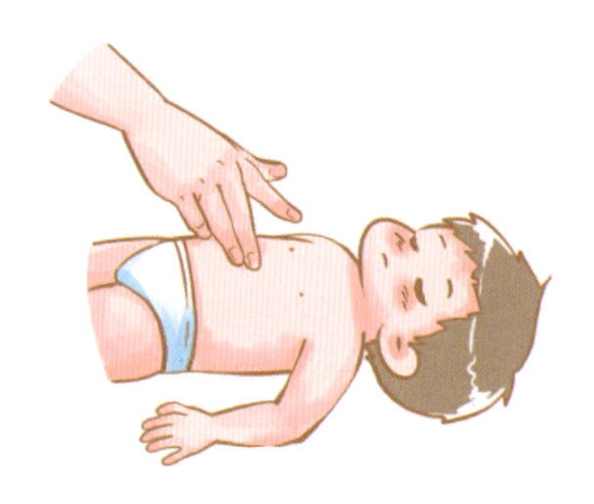

Step3

开放气道。让宝宝平躺，用一只手置于宝宝前额，另一只手的食指、中指置于其下颏，将其下颌骨上提，使其下颌角与耳垂的连线和地面垂直。注意手指不要压宝宝的颏下软组织，以免阻塞气道。

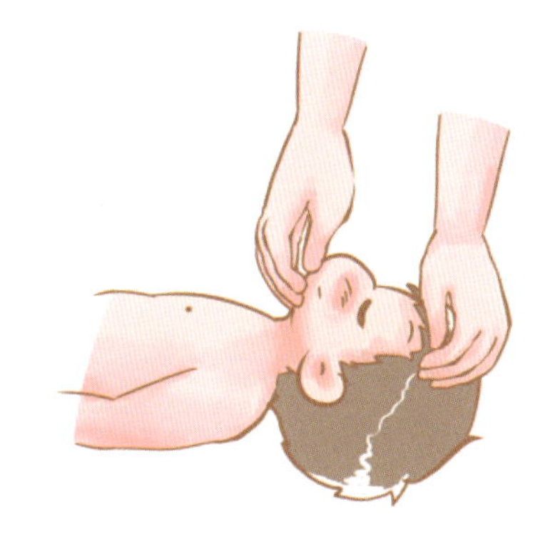

Step4

进行吹气。让宝宝的头部轻度后仰，保证上呼吸道通畅。家长将自己的口对准宝宝的口、鼻，先深吸一口气，然后俯身用口唇包住宝宝的口鼻，用力缓缓吹气。吹气量以能使宝宝的胸廓起伏为宜，吹气频率大约为 40 次 / 分钟。一边吹气，一边还要检查宝宝的肱动脉或股动脉的脉搏跳动情况。保持按压与吹气的比例为 15：1。

发生异物卡喉，海姆立克急救法来帮忙

如果宝宝出现剧烈呛咳、脸憋得青紫等异物卡喉的危机状况时，必须立即采用海姆立克急救法。

1

神志清楚患儿的背部拍击法：让患儿骑跨并俯卧于急救者的胳臂上，头要低于躯干，手握住宝宝下颌，固定头部，并将其胳臂放在急救者的大腿上，然后用另一只手的掌部用力拍击患儿两肩胛骨之间的背部 4 ~ 6 次，使呼吸道内压骤然升高，有助于松动异物并使其排出体外。

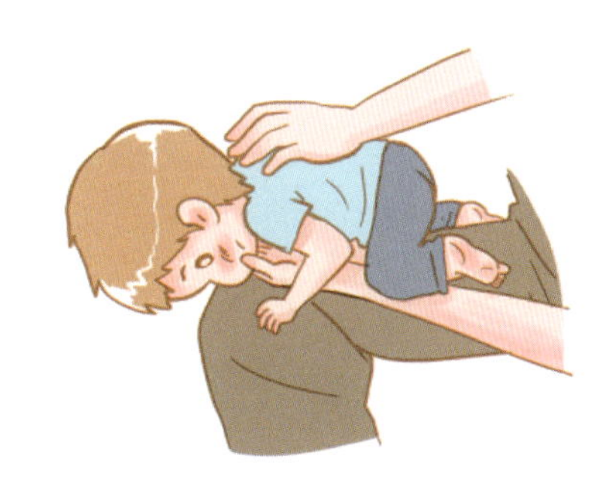

2

神志清楚患儿采用胸部手指猛击法：患儿取仰卧位，被抱持于急救者手臂弯中，头略低于躯干，急救者用两手指按压两乳头连线与胸骨中线交界点一横指处4～6次。必要时与背部拍击法交替使用，直到异物排出。

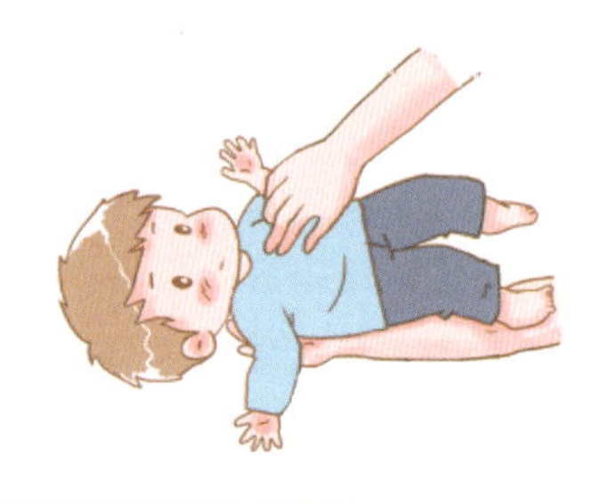

3

意识不清的患儿：先进行 2 次口对口鼻人工呼吸，若胸廓上抬，说明呼吸道畅通；相反，则呼吸道阻塞。后者应注意开放气道，再施以人工呼吸。轮换拍击患儿背部和胸部，若连续数次无效，可试用手指清除口腔异物，如此反复进行。

眼睛进入异物不能用手揉

眼睛内进入的异物，多数是灰尘、细沙等，会产生异物刺激感、局部疼痛、流泪等，致使眼睛无法正常睁开。如果宝宝眼睛内不慎进入了异物，建议宝宝眨眼睛，利用分泌的泪水冲刷异物；如果该方法无效的话，可以滴入几滴抗生素眼药水，帮助异物流出；或翻开宝宝的上下眼睑，找到异物后，用浸有温水的棉球轻轻沾取出来。如果以上方法都不管用，则应尽快送宝宝去医院。

家长应特别注意，宝宝眼睛进入异物后会习惯性地揉眼睛，这样可能会损伤眼角膜，还会使眼睛充血，痛得睁不开，加重眼睛不适。

流鼻血别仰头

当宝宝鼻道中的小血管破裂出血后，血就会从鼻孔中流出，血量一般较少，多发生在夜间，男宝宝的发生率要高于女宝宝。宝宝鼻黏膜脆弱，干燥的天气容易造成鼻黏膜出血。宝宝鼻子受到撞击产生外伤或喜欢挖鼻孔、将异物误插入鼻孔，也容易导致鼻出血。宝宝患有过敏性鼻炎或感冒时，过于用力或者频繁地擤鼻涕、打喷嚏等，也会导致鼻黏膜受伤而出血。

宝宝流鼻血的过程中，不要仰着头，以免血液进入胃部，引起呕吐。对于经常流鼻血的宝宝，如果鼻血难以止住，可以在宝宝鼻孔中塞入含有减充血剂的纱布。也可以用冷毛巾敷在鼻子上加以冷却。若一直无法止血，可能是血液疾病或局部异常，父母必须将宝宝送到医院进行检查和治疗。

意外受伤出血别慌张

宝宝好动，总喜欢这里摸摸，那里玩玩，在户外很容易被树枝、石块、碎玻璃等物品扎伤或划伤，即使在家里，也可能被利器划伤流血。宝宝被意外划伤出血时该怎样应急处理呢？

父母应先根据出血情况判断伤的严重程度：如果血是一滴一滴地往外渗出，为毛细血管出血，一般会自行凝结止血；如果出血持续、缓慢、颜色暗红，多为静脉出血，流血较多，没有固定频率，随出血者身体运动而流出，只需先用清水清洗伤口，静坐一段时间，就能止血，也可用酒精消毒后的棉球或无菌纱布止血；如果出血的颜色鲜红，且不易止血，则为动脉出血，需要做止血处理后立即去医院。

常用于动脉止血的方法有两个：一是指压法，即在伤口上方有动脉搏动处，即近心端处，用手指或止血带用力压向骨骼，阻止血流以止血；二是包扎法，有条件的先用碘酒棉球消毒，再用酒精棉球消毒脱碘，或者用碘伏给伤口周围消毒。如果没有消毒液，可以用1% 的盐水清洗伤口及周围。清洗或消毒时，要由内而外擦，即由伤口的边缘向周围擦洗，消毒面积要超过所用的纱布的面积，然后再用绷带或毛巾包扎好。进行处理后要尽快将其送往医院。

蚊虫叮咬需止痒消炎防抓挠

婴幼儿被蚊虫叮咬后，可在局部涂抹清凉油、风油精、炉甘石洗剂等止痒；如果局部出现过敏性水肿，可用 3% ~ 4% 的硼酸水湿敷水肿处或涂抹抗组织胺药膏。尽量别让宝宝抓挠伤口，尤其是有水肿的部位，以免引起细菌感染，导致化脓或脓疱疹。

被猫抓伤和被狗咬都要打针

如果家里饲养了猫、狗，可能会造成宠物伤人事故，尤其是喜欢逗弄宠物的宝宝，更可能被宠物抓咬。所以，新手爸妈需要掌握宝宝被宠物抓咬的紧急处理。

被狗咬伤后，即使只是留有牙印痕迹，也应立即对伤口进行清洗消毒。先用 3% ~ 5% 肥皂水或流动的自来水充分冲洗。应尽可能去除所有的狗的分泌物，冲洗时间不低于 15 分钟，冲洗后用酒精消毒，然后用碘酒擦洗伤口。伤口不宜包扎、缝合，开放性伤口应尽可能暴露。若伤口较深，则须将注射器伸入伤口内进行灌注清洗，尽快去医院注射疫苗。必要时还需注射抗狂犬病血清。

被猫咬伤后，若伤口较浅，可用酒精或碘酊涂擦，消毒 2 ~ 3 次，待其自然止血即可。清创后不宜包扎。若伤口较深，可用无菌生理盐水或 0.1% 苯扎溴铵反复彻底冲洗伤口，再用过氧化氢溶液淋洗。事后去医院注射狂犬疫苗，进行破伤风类毒素或人破伤风免疫球蛋白注射。

溺水抢救必须争分夺秒

人发生溺水后吸入大量的水，水充满呼吸道和肺泡会引起缺氧窒息。因此，掌握溺水的急救知识至关重要。

对于溺水宝宝，要争分夺秒地进行抢救。如果溺水的时间短、喝水量不多，没有其他不适症状，可以不用送医院；如果溺水时间较长，口鼻内的淤泥、杂草等较多，应立即清除。假如溺水宝宝口腔紧闭，可以捏起其面颊的两侧，用力启开牙关，松开衣带，让宝宝伏卧在救护人员的肩上或腿上，头部下垂，使水自然流出，进行控水；如果宝宝的呼吸和心跳已经停止，应对宝宝实施心肺复苏术和控水，并及时拨打120急救电话。

不小心跌落后的处理

随着年龄的增长，宝宝的活动能力也逐渐增强，从会爬到会走，从会走到会跑，这期间跌倒、摔伤是很常见的。尤其是比较顽皮的宝宝，喜欢跑动、攀高，加之婴幼儿平衡能力较差，更易发生此类意外事故。此类事故不仅会导致宝宝皮肤破损，严重者还会引起骨折、脑震荡等，因此一定要妥善处理。

不小心跌落后，如果宝宝意识清醒，在受伤后立刻哭出来的话，就没有大问题。家长需要做的是首先稳定宝宝的情绪，以防他伤后受到惊吓，把他抱到安静的地方，让他平躺下来，用枕头把他的头部垫高。之后再仔细观察 3 天左右，如果宝宝有意识不清、恶心、呕吐、剧烈头痛等症状，一定要立刻送到医院。

如果宝宝撞伤部位出血过多，要稳定住宝宝的情绪，冷静确认伤口，找些厚纱布或者是干净的毛巾用力压住伤口（但是不要过于用力）。同时，要送往医院处理伤口。

如果伤后宝宝的身体出现红肿的话，先用湿毛巾冰敷伤处，但是如果肿块越来越大，而且肿得很明显的话，要及时送往医院就诊。

除此之外，如果宝宝撞到头部后发生痉挛，持续呕吐，对大人的呼叫有反应但表现出很疲劳的样子，应立刻去医院。

烫伤急救要分 5 步走

0 ~ 6 岁儿童发生烧烫伤的比率占了烧烫伤患者的 23%，其中以 1 岁患儿居多，婴幼儿烫伤又以热液烫伤居多。发现宝宝被烫伤，要分 5 步进行。

Step1

烫伤的宝宝应迅速脱去热液浸透的衣物，若衣物与皮肤粘连，应先进行步骤②，待衣服好处理后再进行处理。

Step2

用冷水冲洗受伤的部位，不好直接用冷水冲洗的部位，可以把毛巾浸泡在冷水中，然后往烫伤部位拧水，或冷水湿敷烫伤部位。不能将冰块直接放在烫伤部位降温。

Step3

浸泡在冷水中以减轻疼痛，如果宝宝年龄较小，不要浸泡太久，以免体温过度下降造成休克。

Step4

用干净或无菌纱布、布条或棉质衣物类（不含毛料）覆盖在伤处，并加以固定。切忌用酱油、牙膏等涂抹创面。

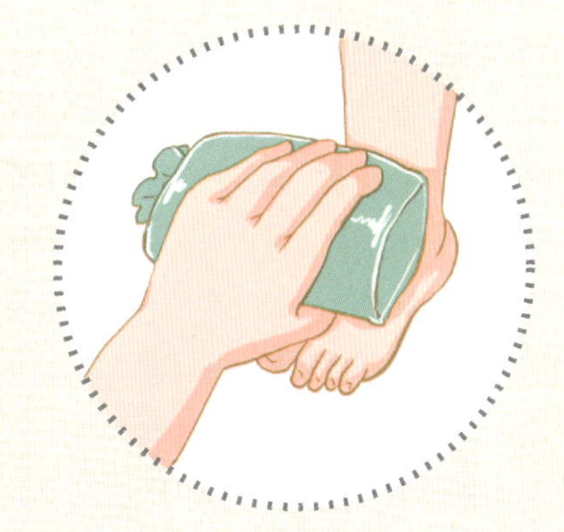

Step5

经过简单处理后，立即将宝宝送到医院治疗。

Part
5

把握成长关键点，让宝宝左右脑齐开发

宝宝一天天长大，对外界的认知、感受与理解力日渐成形，

爸爸妈妈需要了解宝宝小脑袋里的“秘密通道”，做好宝宝的全脑开发，

让宝宝在不知不觉中玩出智慧，为成长蓄能。

早教新主张，给宝宝更多智慧

随着宝宝的成长，家长还要担起宝宝启蒙老师的责任。不管是老辈人的经验还是网络搜罗的知识，都有可能让家长接收到错误的早教知识。常见的早教误区有哪些？正确的做法是怎样？我们一一解答。

用音乐给宝宝适当听力刺激

对于是否应该放音乐给宝宝听，不同意见之间互相打架。有些妈妈认为，宝宝的听觉能力还不完善，经常放音乐给宝宝听会影响他的听觉发育，甚至会损伤耳膜。而有的妈妈则认为，听音乐是很好的早教训练和熏陶，有助于培养宝宝的乐感。

新主张

人的左脑是逻辑的语言脑，而右脑是感受音乐的脑组织。在宝宝学会说话前，优美舒缓的音乐是宝宝右脑发育的特殊“营养”。建议家长每天在固定时间播放乐曲，中外古典乐、现代轻音乐或者描绘儿童生活的音乐，都是不错的选择。每次 5 ~ 10 分钟为宜，给予宝宝适当的听觉刺激，有利于宝宝健康成长。

每天对宝宝说说话

由于新手妈妈没有丰富的育儿经验，老辈人就充当了“育儿导师”。其中有些老人认为，宝宝刚出生不久，根本听不懂大人说话，而且总跟宝宝说话也会影响到他的休息，就会跟新手妈妈说：“没必要跟出生不久的宝宝说话”。其实，这只是大人自我感知做出的判断，并不正确。

新主张

刚出生的宝宝虽然暂时听不懂话，但能够接受听力刺激，听得到各种声音，大人柔声细语的正向语言刺激可以对宝宝脑细胞产生良性刺激，有利于其语言功能发展。所以应该多和宝宝说说话。开始宝宝可能不会有什么反应，但家长温柔的话语和表情会使宝宝渐渐明白，并做出反应。

做早教不等于知识灌输

很多家长都知道3岁以前是宝宝早教的重要时期，于是特别注重在日常生活中对宝宝进行知识灌输。当年幼的宝宝并不愿意接受或根本弄不懂家长所说的事情时，有些家长就会训斥、呵责。有些妈妈则以宝宝为中心，过分溺爱、完全满足宝宝的需求，甚至为他包办一切事情。难道就这就宝宝的早教知识吗？

新主张

正确的早教知识，应该是家长亲自为宝宝做示范。家长的言传身教会在无形之中成为宝宝学习的范本与榜样，早教知识也能很好地传授给宝宝。心理建设也是早教的重要内容，忽视宝宝的内心感受或轻易满足他的各种要求，只会培养出一个不健康、不独立的宝宝。

不要教宝宝说“奶话”

“吃饭饭”“洗手手”的叠字奶话，经常出现在宝宝的日常生活中，宝宝无形中也会形成说奶话的习惯。不过也有很多家长对教宝宝说奶话持反对意见，认为这种语言环境不利于宝宝语言能力的发展，还会让宝宝口齿不清晰，一旦形成习惯就很难改掉。爷爷奶奶辈的老人则相反，总喜欢用奶话跟宝宝交流，认为宝宝这样说话很可爱，而且宝宝也会比较容易理解话语的意思。

新主张

家长要注意，自己对宝宝说的话尽量语法正确、发音标准。跟宝宝对话要用夸张的口型、清晰的声音、缓慢的速度，切忌说奶话。否则容易造成宝宝日后口齿不清，甚至分不清你我他。如果宝宝在说话过程中说错，家长千万不要笑，以免损伤宝宝的自尊心，打消其学习的积极性。

不必强行纠正宝宝的左撇子

随着宝宝的长大，动手能力越来越强，“左撇子”的宝宝也“应运而生”。可日常生活中的大部分工具都是为了方便右手的使用习惯而设计的，左撇子用起来就不太习惯。有些家长就开始纠结要不要纠正宝宝的左利手，实现“整齐划一”，也有一些家长在发现宝宝是左撇子后想尽办法要把宝宝的“坏习惯”纠正过来。那么左撇子宝宝必须要纠正过来吗？

新主张

人的大脑有左右之分，左脑负责推理、逻辑和语言，右脑则负责感情、想象力和空间距离。经常习惯使用左手的宝宝，其大脑相对应的右脑皮层某些功能就会比较突出，反之习惯使用右手的宝宝，左边大脑的功能会更擅长。为了让宝宝的左右脑都得到锻炼，家长可以在日常生活中多引导和鼓励左撇子宝宝使用右手，但不必强行纠正左撇子的习惯，使宝宝的左右脑都得到开发和锻炼。

不要依赖学步车学走路

宝宝很喜欢扶着沙发或者爸爸妈妈的手走路，表现出对学习走路很有兴趣。观察到宝宝的这种表现，很多妈妈会为宝宝购买学步车，认为宝宝坐在里面不必担心摔倒，而且在学步车的帮助下，宝宝还能很快地学会走路。另一方面，自己也不需要像以前一样，需要把着、扶着宝宝学习走路，有时间忙别的事情。家长和宝宝都轻松，一举多得。

新主张

学步车从某种程度上可以解放父母的双手，但实际上会影响宝宝的身体发育。一般学步车的滑动速度较快，宝宝不得不用两脚蹬地用力向前走，但宝宝骨骼柔软，长时间如此，会导致宝宝腿部骨骼变弯而形成O型腿。如果宝宝个子小，需要用脚尖触地才能行走，会让宝宝形成踮脚走路的习惯，而且足跟着力较少，宝宝的足底发育也不敏感。

学走路并非越早越好

看着别人家的宝宝11个月就会走路了，有些妈妈开始羡慕和着急。她们认为走路越早的宝宝越聪明，还想着不能让自己的宝宝“输在起跑线上”。于是就开始想办法训练宝宝学会走路，甚至宝宝今天刚会爬，妈妈就想着明天会走。老一辈人则认为宝宝发育到一定程度，自然就会走路了，而且宝宝的骨骼没有发育好，太早学习走路身体吃不消，还会经常摔跤。

新主张

忽略宝宝的生长规律，甚至直接越过宝宝爬行期而学习走路，不仅不是宝宝聪明的表现，还会影响宝宝的身体发育。宝宝的腿部和脊椎没有发育完全，不足以支撑身体的力量，很容易导致宝宝脊椎变形和O型腿、X型腿。而且，在学习走路的过程中，宝宝会因为要看清较远处的物体而调整眼睛的焦距，长此以往，对宝宝的视力也有损伤。因此不建议宝宝较早学习走路。

筷子的使用以大脑发育为前提

对于宝宝用筷子问题，老人大多数主张让宝宝用汤匙或者叉子吃饭。原因是她们认为宝宝太小，现在还不能很好地使用筷子，等长大了自然就会了，也不会把饭菜的汤汁弄得到处都是。而有些妈妈则认为，用筷子吃饭可以锻炼宝宝的手眼反射能力，对宝宝的动手能力和智力发育都有帮助，所以越早训练越好，这样宝宝才能更聪明。不同的育儿观念产生了分歧。

新主张

用筷子搛菜的动作看似平常，但对于年龄尚小的宝宝来说，却没有那么容易掌握。对于什么时候鼓励宝宝使用筷子这个问题，每个宝宝的具体情况不同，所以没有确切答案。但有一个原则，只要宝宝对用筷子感兴趣，就不要拒绝他。

掌握这些技巧，应对宝宝情商与智商发展

每位父母都希望宝宝健康、聪明。除了对宝宝衣食住行上的照护，也需要对宝宝进行情商与智商的引导。抓住宝宝智力发展与情商发展的黄金时期，掌握启蒙技巧，蓄力宝宝的美好未来。

0～1个月，用视听进行交往

十月怀胎，辛苦孕育的宝宝终于平安降生，虽然还只是浑身上下软乎乎的小家伙儿，但身体的各方面能力都在快速发育当中。家长要抓住宝宝能力开发的好时期，那就先从视听交往开始吧。

不过分限制宝宝运动

宝宝出生后虽然大部分时间在睡觉，但在醒着的时候会表现出很丰富的运动能力，这主要是受到体内生物钟的支配。过去把宝宝的胳膊、腿和身体裹紧的做法都是不科学的，极大限制了宝宝运动的能力。因此建议家长给宝宝留出足够的活动空间，宝宝呼吸顺畅、情绪活跃，更利于运动能力发展。

进行视听刺激

宝宝醒着时妈妈也可以跟他面对面说话。当宝宝注视你的脸时，妈妈可以慢慢移动自己的位置，设法吸引宝宝的视线，让他跟着自己移动的方向进行移动；在宝宝耳边（距离10厘米左右）轻轻呼唤，使宝宝听到声音后转过头来；借助小球、玩具等锻炼宝宝的视觉能力，以促进宝宝视听能力的发展。但要保证宝宝充足的睡眠时间，不能喧宾夺主。

正确刺激宝宝的脑部发育

家长可以通过满足宝宝生长的营养需求；给宝宝持续的关爱和身体接触，帮宝宝建立安全感；利用简单而生动的短语和宝宝对话或给宝宝唱歌，关心宝宝的表现和脾气，学着弄懂他想表达的意思，做出相应的反应等，以刺激宝宝脑部发育。

让宝宝睁眼看世界

新生儿时期的宝宝非常喜欢看妈妈的脸，当妈妈注视他时，宝宝会专注地和妈妈对视，这是一种基本的视觉能力训练；借助稍微有些光亮的手电筒，对宝宝进行视觉能力训练，先将手电筒摆在宝宝视线的一侧，距离约30厘米，宝宝会稍加凝视，随着月龄增加，宝宝会逐渐跟随光亮的移动而完成左右移动180度的动作。

合理选择玩具

宝宝的玩具应该颜色鲜艳、纯正，形态大小适合宝宝抓握、摆弄，不能太小，以免误食引起窒息，质地光滑，没有坚硬、锋利的棱角，无毒性且易于清洁，也可以带有悦耳的响声，如花铃棒、吹塑彩球或彩环（直径约15厘米）、软塑料捏响玩具、不倒翁、八音盒等。

激发宝宝的说话兴趣

刚出生的宝宝就会对声音做出反应，只是这时的宝宝发音器官还没发育成熟而已。家长要和宝宝多说话，激发宝宝的说话兴趣，在宝宝啼哭后模仿宝宝的哭声，这时宝宝会试着再次发声，以作为回应，渐渐地宝宝喜欢上这种游戏，再加上父母的引导，宝宝会发出“啊”“噢”等声音，为宝宝以后说话做准备。

把新生宝宝当作懂事儿的宝宝对待

虽然宝宝不会说话，但已经具有了一定的能力和智慧。当宝宝哭闹时，家长可以通过说话、拥抱等方式进行安慰，使宝宝懂得等待成人满足他的要求。此外，还应注意宝宝的面部表情、情绪、哭声等，只有把宝宝当作懂事儿的宝宝，才有利于促进其认识世界。

1～2个月，多与宝宝进行情感交流

宝宝进入第二个月，很多妈妈会发现，此时多与宝宝进行情感交流，宝宝很可能会摇动身体发出咯咯的声音，就好像整个身体都在“微笑”。这时，家长应多与宝宝进行情感交流，帮助宝宝开发潜能。

俯卧抬头

如果宝宝在新生儿期就注意练习抬头，到了第2个月时，宝宝可以抬头到45度，甚至更高。在练习俯卧抬头时，一般是在宝宝精神状态好的情况下，但不能在刚吃完奶时进行，最好哺乳后1小时、觉醒的状态下进行。俯卧的床面要平坦、舒适。宝宝俯卧时，将其双手放在头的两侧，家长可以用一些带有声响和色彩鲜艳的玩具在前面逗引，鼓励宝宝抬头。开始训练时1～2秒钟即可，以后逐渐延长时间，每天可练习数次。这种俯卧抬头练习，既可以锻炼宝宝的颈、背部肌肉力量，还能增加宝宝的肺活量。

刺激视觉

此阶段的宝宝，应当接受丰富的视觉刺激。丰富的视觉环境对大脑发育很重要，该如何为宝宝创设视觉环境并进行视觉训练呢？

悬挂玩具。家长让宝宝呈仰卧位，在其身体上方20～30厘米处悬挂一些宝宝感兴趣的玩具。建议是红色或绿色并伴有声响的玩具，每次放1～2件。借助玩具吸引宝宝的兴趣，使其视力集中在玩具上，然后将玩具边摇边从水平或垂直方向移动，使宝宝目光追随玩具移动。

看色彩鲜艳的图画。宝宝视觉通路尚不成熟，所以每幅画应该只有一个主题。将图画挂在墙上，每次挂3～4幅，坚持抱着宝宝观看，一边看一边说出图的名称，每天重复1～2次，宝宝会对其中的某一幅图呈现特有的兴趣，每周更换一组图片。也可以让宝宝平卧在床上，在宝宝眼前约20厘米的地方放上画报，宝宝会注视画报，并表现出新奇的表情。

训练宝宝的听力

这个月，婴儿的听觉能力进一步增强，此时可以训练其对声音的反应能力及注意力。在宝宝清醒状态下，让他仰卧，将手摇铃或拨浪鼓等能发出悦耳声音的玩具置于宝宝上方，并弄出声响。当宝宝注意后，缓慢移动玩具让他追着看，以逗宝宝高兴。在移动玩具时，可以先慢慢地移动，等宝宝熟悉一段时间后先在左边摇响玩具，再迅速移到右边摇响玩具。

经常与宝宝进行语言“交流”

宝宝言语发展需要良好的环境，建议家长经常与宝宝进行语言“交流”。速度较慢、短语间有较长的停顿等说话方法，适用于婴儿早期听觉训练。而且，大人和宝宝说话的姿态也很重要，如爸爸指着妈妈说：“看！谁来了？妈妈！”这种姿态对宝宝的认知和社会行为的发展起到重要的积极作用。如果宝宝发出类似回应的声音，应停顿片刻，以给宝宝发声的机会。同时，这种语言交流，还有助于建立牢固的亲子关系。

及时响应宝宝的需求

家长要让宝宝养成良好的生活习惯，就要了解宝宝的特点，帮宝宝养成定时、定量吃喝，按时休息的习惯，可逐渐延长晚间睡眠的时间，尽快建立昼夜节律。爸爸妈妈还应留心观察宝宝大小便的时间、规律、颜色、形状等，掌握宝宝的健康状况，从而更好地照护宝宝。

除了积极回应宝宝的生理需求外，还要跟宝宝进行情感的交流与沟通。多用亲切的语调和宝宝说话，多用慈爱的目光和宝宝对视等。在宝宝醒着或发音时，要抱抱宝宝，以表示关怀和鼓励。留心宝宝不同情况下的哭声，以便满足他的需求。

创造优美、良好的环境，给予宝宝美的享受，增强宝宝体质，促进其感知、运动技能和社会交往能力的发展。

2～3个月，宝宝是天生的“交际家”

现在的宝宝与前两个月时的样子变化很大，学会的“本领”也多了很多。喜欢跟爸爸妈妈多交流。因此，这个时候，家长要尽可能地让宝宝活动、“多说话”。

俯卧抬胸

相较于之前宝宝稍稍抬起的头和前胸，现在的宝宝可以把头和前胸抬得很稳了，而且能坚持几分钟。锻炼时间适宜选在宝宝睡醒后或者喂奶前1小时，每次训练不超过2～3分钟，或视情况进行更长时间，每天训练2～3次。让宝宝采取俯卧，家长用玩具逗引，刺激宝宝抬起头部和胸部。

培养宝宝的观察力

此阶段宝宝的视觉能力进一步发展，尤其对发声、色彩鲜艳或者活动着的东西感兴趣，并且开始尝试触觉、听觉、视觉或者味觉相互配合运用。因此，为了培养宝宝的观察力，家长可以带宝宝多外出感知世界，有益于宝宝智力和心理发育。

能笑出声，会发元音

随着宝宝各种感觉器官的成熟，宝宝对外界刺激的反应也会越来越多，愉快情绪逐渐增加。首先会表现在微笑上，甚至会笑出声。同时，宝宝的发音也会增多，能清晰地发出一些元音。家长可以用不同的语调与宝宝说话，训练宝宝分辨不同的语调，并做出不同反应。当宝宝发出声音时，家长要积极回应，以促进宝宝语言交往能力的发展。

创造对外交往的机会

宝宝出生后就是“社会人”了，首先要与他人交往，这种起初的交往会影响宝宝以后的社会交往。为了避免宝宝缺乏社会行为能力的培养与训练，家长要尽量为宝宝创造与他人交往的机会，多让宝宝见人，让宝宝愿意与更多的人交往。但要注意的是，不要带宝宝去往人流密集的公共场所，以免感染疾病。

3～4个月，宝宝的各种小情绪

宝宝过了3个月，已经变得硬朗许多，和刚出生时候的样子有了很大差别。未来阶段里，宝宝各方面的能力也会有显著提高，这一定会让爸爸妈妈感到惊喜。

翻身和拉坐

3个月左右的宝宝要在爸爸妈妈的帮助下学习翻身和拉坐的技能了。锻炼宝宝脊椎和腰背部肌肉力量，增强身体的灵活性，为以后爬、站、走等做准备。

翻身。先让宝宝仰卧，然后爸爸妈妈分别站在宝宝两侧，借助玩具逗引宝宝，训练宝宝从仰卧位翻至侧卧位。如果宝宝自己翻身还有困难，也可以在宝宝平躺的情况下，妈妈用一只手撑着宝宝的肩部，慢慢将他的肩部抬高，帮宝宝做翻身动作，只是在宝宝的身体转到一半时，恢复至平躺的姿势，这样左右交替训练几次，宝宝就可以进一步练习真正的翻身了。当宝宝学会自己翻身后，家长要有意识地帮助宝宝向左右两个方向翻，通过翻身变换姿势，使宝宝变化方向认识世界。

拉坐。经过了俯卧抬头、翻身等动作的发展，宝宝颈部、前臂以及腰部力量逐渐加强。宝宝要求改变姿势的欲望也越来越明显，此时家长可以尝试着将宝宝拉坐起来。宝宝在仰卧位，家长抓住宝宝的小手，让他自己用力配合，家长要稍微用力，将宝宝拉起到坐位。每天进行几次训练，家长逐渐减少用力，训练宝宝只握住家长的手指就能主动坐起来，从而锻炼宝宝的肌力。

温馨提示

宝宝学会翻身的早晚与宝宝的自身发育有关，也跟引导或活动受限有关。家长不要给宝宝穿得过多、过紧，让宝宝有自由活动的机会。翻身，可不学自会，即使是训练宝宝翻身，也不要操之过急。

强化某些发音

语音发展为言语，做了说和听的准备。言语在宝宝智力开发中有特殊的作用，但要经过训练才会听懂和表达。宝宝长到 4 个月时，就要开始加强某些发音，因为 4 ～ 8 个月的月龄是宝宝咿呀学语的阶段。宝宝开始发声第一批词汇，在发元音的基础上会发“b、p、d、n、g、k”等辅音，以及“da-da、ba-ba”等重复音节，偶然出现“ma-ma”“pa-pa”等声音，就好像叫“妈妈”“爸爸”。

听觉和视觉训练

对于 3 ～ 4 个月的宝宝来说，让宝宝把视觉和听觉相结合，让他看或听身边的玩具或其他东西，依次来锻炼宝宝感知事物的能力。

看人脸、听人声。经常面对面跟宝宝对视和说话，可以通过变换方向或距离，吸引宝宝注视和倾听。注意宝宝对熟人和生人有什么不同反应。

变换玩具花样。用不同的玩具激发宝宝的视听兴趣。

到户外活动，丰富宝宝的视听刺激。让宝宝多接触大自然，看看花花草草，听听鸟叫蝉鸣，使他学会视觉追踪。家长还可以边指给宝宝看边说“看这些花多好看”等。

看图片和画报。从图片或画报上补充实物的视听刺激不足，尽量选择图画大一些、色彩鲜艳、形象真实，有美感的画报或图片。家长可以一边指给宝宝看一边用简单的词语讲图画的内容。

听音乐。给宝宝听听自然界的声音或者动物叫声，特别是优美的音乐旋律，对宝宝的智力发育、听觉培养都十分有益。但不要听节奏太快、声音过强的音乐，防止对宝宝的听力造成损伤。

看滚球，追视手电光束，有利于视觉发育。家长抱着宝宝坐在桌边，观看皮球从桌子一端滚向另一端，宝宝注视滚动的球，头也随着视线转动。或者在傍晚，家长打开手电筒，使光亮照到墙上并且轻轻晃动，引导宝宝追视光束。

练习手抓握，促进手眼协调。借助玩具逗引宝宝抓握，可促使宝宝手眼协调能力的发展。如果宝宝出现啃咬玩具的行为，是宝宝在通过嘴巴和舌头进行探索，家长不必强行制止，事先将玩具清洗干净即可。

学认表情

虽然现阶段的宝宝还不会说话，但会用不同的表情来表达。也有细心的家长会发现，当自己的表情不同时，宝宝的反应也不同。

自己扶奶瓶。宝宝手的动作越来越多，这时就要在生活中让他体验手的“工具作用”。让宝宝自己扶着奶瓶，既锻炼了宝宝手的活动，又可以让宝宝有触觉体验，同时还是宝宝生活自理能力的培养。

表情反应。在和宝宝交流时，家长可以有意识地做出不同的面部表情，训练宝宝分辨这些面部表情，让他学会对不同表情有不同的反应，并正确表达自己的感受。

照镜子，观看面容。当家长抱着宝宝照镜子，宝宝会伸手触摸镜子，对它笑，发出声音。经常照镜子的宝宝会在镜子前做鬼脸，看到镜子中的“人”也做鬼脸，就会开怀大笑。

打“哇哇”，发音和动作配合。家长用手在自己嘴上打“哇哇”，然后握住宝宝的手在他的小嘴上打“哇哇”，使他手的动作与发出的声音相配合。宝宝会一边做一边笑，亲子同乐。

找朋友，发展交往能力。抱宝宝多去户外，先让他在远处观察，然后渐渐走近。如果宝宝在笑，说明他同意与小朋友接近，如果宝宝躲在妈妈怀中，则说明他害怕，不必勉强，等他出现笑容时再与别人亲近。

4～5个月，好奇心萌动的宝宝

在这个月里，有些曾经发展缓慢的能力可能会突然完成。需要家长倾注更多的爱和时间来帮助宝宝运用已经获得的能力，并为新的发育阶段做准备。

踩单车训练

本月，为了进一步增强宝宝的腿部肌肉力量，爸爸妈妈可以和宝宝玩踩单车的游戏。这不仅是一种简单的体能训练方法，也是亲子交流的方法。如果发现宝宝的两腿发育有点不对称也可以多帮宝宝进行踩单车训练，可以促进宝宝的髋关节发育。

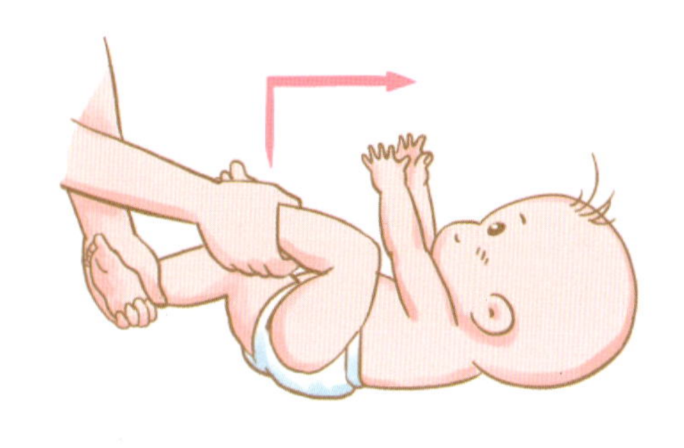

Step1

让宝宝穿合适的衣服平躺在床上或垫子上，爸爸或妈妈用两手轻轻抓住宝宝的膝关节的下面。

Step2

爸爸或妈妈轻轻屈宝宝的左膝关节，使膝关节缩近宝宝腹部，再慢慢地让宝宝伸直左腿。

Step3

轻轻屈宝宝的右膝关节，使膝关节缩近宝宝腹部，再伸直右腿。

Step4

左右轮流屈伸两腿，像踩单车似的来回运动，边做这些动作边跟宝宝说：“我们一起骑单车去公园玩喽！”

温馨提示

帮助宝宝双腿做踩单车训练的时候，速度不要太快，要保证在宝宝能够承受的范围内，这样才有利于宝宝大肌肉发育。

鼓励宝宝触摸他喜欢的东西

现阶段的宝宝表现出对周围事物浓厚的兴趣，爸爸妈妈可根据宝宝的发育特点，对宝宝进行触摸感知能力训练。在训练前，家长要留心观察宝宝对什么感兴趣，通过触摸不同玩具，体会和感觉各种材质的不同质感。但不要让宝宝接触化纤成分的东西，以免刺激皮肤。

进行音乐记忆力训练

4～5个月的宝宝已经具备初步音乐记忆力，既能表现出较为明显的情绪，也对音乐有了初步的感受能力，还可以配合音乐节拍摆动四肢。虽然还不懂音乐的意思，但很喜欢欢快的节奏和有韵律的声音。在对宝宝进行音乐记忆力训练时，建议家长给宝宝反复听一首儿歌。如果可能，还可以配上相应形象的彩图或实物，家长也可以做相应的解说，这样就能做到声、物、情融为一体，调动宝宝的兴趣和情绪，使记忆力得到很大限度的强化。此外，还可以给宝宝听一些动物的叫声或者生活及大自然中的各种音响，以丰富宝宝的听力训练内容。

训练宝宝的视觉追踪能力

事先准备好一个手电筒，晚上在有窗帘的房间里，宝宝仰卧在床上，关灯后妈妈用手电筒照射天花板，并用手指指向被手电筒照亮的地方，吸引宝宝观察。等宝宝发现亮光以后再移动手电筒，让宝宝的视线跟随着光线移动，从而训练宝宝的视觉追踪能力。也可以用手电筒照射宝宝喜欢的玩具或物品来引起宝宝的注意。

让宝宝听懂自己的名字

呼名训练对宝宝的语言能力训练大有好处，不仅可以使宝宝注意力集中，而且对爸爸妈妈的发音记忆力也有所加强。在进行呼名训练时，首先将宝宝的名字固定，建议从一开始就用直接用宝宝的名字而不是小名或者其他爱称来训练，以免宝宝不知道家长到底在呼唤谁或者自己究竟叫什么名字。当家长想和宝宝玩耍时，可以在一旁呼唤宝宝的名字，宝宝听到呼唤声转头看时回答“在这里，在这里”，和宝宝逗着玩。经过多次训练之后，宝宝就知道妈妈是在呼唤自己的名字，并且在日后再听到自己的名字时，就能立刻做出反应。

5～6个月，开始“认生”的宝宝

5个月的宝宝变得越来越好动，好奇心也越来越强烈。生理和心理发育也都进入关键期，爸爸妈妈要给予宝宝更多的爱和关注，见证宝宝进一步的成长。

独坐、翻滚和打转

随着月龄的增加，宝宝可以实现从靠坐到独坐，还能翻滚和打转。研究证明，早期活动是宝宝认知发展的基础。因此要按照婴幼儿运动规律，通过练习促进婴幼儿运动能力的发展。

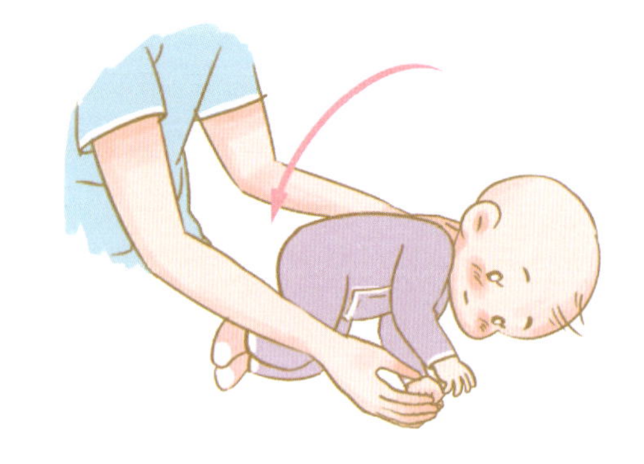

1 每天让宝宝练习拉着家长的手指坐起来，或者用枕头等垫着宝宝的背部使其靠坐。当宝宝能够较稳地靠坐后，逐步移走靠垫，尝试让宝宝独坐，每次时间不宜过长，5～10分钟为宜，每天练习3～4次。同时，宝宝坐位，可以将双手解放出来，对宝宝双手的协调操作和手指的精细动作发展都有重要作用。

2 在平坦、不太软的床上或铺有地垫的地上，让宝宝仰卧，借助新鲜有声有色的玩具吸引宝宝的注意力，引导他从仰卧变为侧卧、俯卧，再从俯卧转为仰卧，让宝宝翻身打滚。但要注意安全。

3 让宝宝俯卧在床上，大人用玩具在宝宝一侧引诱。宝宝会以腹部为支点四肢腾空，上肢想够到玩具，下肢也会着急地摇动，身体就在床上打转。

不要冷落了宝宝

很多细心的家长会注意到，这个阶段的宝宝已经有了较为复杂的情绪。高兴时手舞足蹈，不开心时就乱发脾气，甚至大哭大闹。所以，家长不要以为宝宝什么都不懂，还冷落了他。

→ 宝宝喜欢自己熟悉的亲人，还能听懂严厉或亲切的声音。当家长用亲切的语气跟宝宝说话时，他就会表现得兴奋和愉快。所以家长要多跟宝宝说话，教他认识事、物，尽量把日常行为都用语言向宝宝表述出来。

→ 把语言和实际结合起来，例如家长在做什么事情之前先告诉宝宝，有利于宝宝快速学会发音。经常和宝宝说话、沟通，抓住宝宝学习语言的有效途径，让宝宝感受语言、认识事物，为日后宝宝开口说话打下基础。

→ 当有亲人突然离开宝宝时，宝宝会表现出悲伤、惧怕等情绪，这都是因为宝宝的依恋情节造成的。因此，家长不要突然离开，更不要用恐怖的表情或言语来吓唬宝宝。

→ 工作，不能成为影响家长照顾宝宝的借口。即使在做家务的时候，也只是暂时让宝宝自己玩耍，要合理安排时间，家务和照顾宝宝交替进行，以免宝宝有被冷落的感觉。

给予宝宝嗅觉和味觉的刺激

家长可以利用物品的不同气味，给宝宝嗅觉刺激，同时要促进味蕾对味道的感觉和辨别能力。

Step1

给宝宝闻一闻各种气味，如哺乳时闻闻妈妈的乳香，闻闻妈妈的衣服，洗澡时闻闻沐浴露的芳香，吃饭时闻闻饭菜的香味，还可以给宝宝闻闻香蕉、苹果等各种水果的香气。

Step2

根据宝宝味觉发育的特点，有意识地让宝宝品尝各种味道，如用消过毒的筷子蘸上酸、苦等味道的汤汁，给宝宝尝一尝，让宝宝感受到不同的味觉刺激以促进味觉发育。

宝宝一出生就有了味觉和嗅觉。新生儿可以感受到什么是甜、酸和咸，对不喜欢的味道会表现出不愉快的表情，多数宝宝天生喜欢甜的味道，本能排斥酸、苦。在进行味觉和嗅觉训练时，爸爸妈妈一定要密切观察宝宝的反应，有无流涕、腹泻、红疹等现象，必要时及时就医。

教物品名称，教说“爸爸、妈妈”

经过几个月的耳濡目染，听惯了爸爸妈妈说的话，有些宝宝会自动发出一些声音，甚至能叫出“爸爸、妈妈”。尽管他还不懂是什么意思，但这正是宝宝语言训练的大好时机，家长要因势利导，多鼓励宝宝。

教物品名称。反复教宝宝认识他熟悉并喜爱的各种日常生活用品的名称，如起床时可以教他认识被子、衣服；喂奶时教他认识奶瓶、手绢等。教宝宝认识物品，要结合当时的活动内容反复教，给宝宝戴帽子外出，家长不仅要拿帽子给他看，还要告诉他这是“帽子”“××的帽子”，在玩耍时教各种玩具的名称。

教说“爸爸、妈妈”。随着宝宝与外界接触机会的增多，与亲人交往的增加，宝宝的发音的愿望反应也会越来越强烈，好像总要说些什么，发音也从单独的元音或辅音，变成一些连续的音节。家长要有意识地教他一些音节的发音，如ba-ba、ma-ma等。宝宝发音时，家长要给予应答和鼓励，让他建立此音与实际意义的联系，为他有意识地叫“爸爸、妈妈”做准备。

照镜子，学认人

镜子可以使宝宝第一次看见自己，家长可以将宝宝抱在镜子前，用手指着宝宝的五官以及头发、手、脚等部位让宝宝认识。虽然宝宝不一定能指对这些器官，但家长反复说，也能让宝宝初步接受这些概念。

宝宝认人是一个逐渐发展的过程，3个月左右的宝宝见到成人面孔，就能在脑海中形成清晰的影像。到了5～6个月时，随着对面孔辨认细致程度的增加，宝宝会更偏爱妈妈，而对陌生人显出警觉和回避，这就表明宝宝学会了认人，感知、辨别能力也有了提高。日常生活中，家长可以教宝宝认识家庭成员及与他的关系和称呼，以训练宝宝与家人交往，使他逐渐辨认自己的家人。

6～7个月，宝宝的小小“招风耳”

6个月左右的宝宝，身体发育逐渐平缓但运动能力日益增强，宝宝更喜欢手脚并用，练习爬行。这个时候，家长不要让宝宝孤独地度过，而是给予更多的爱和关注。

开始爬行训练

爬行，是宝宝向外界主动探索，是宝宝接近他所感兴趣的人和事物的方法。随着身体位置的移动，宝宝接触到更为广阔的空间，既有利于运动知觉、深度知觉和方位知觉的发展，也有利于发展婴儿思维和解决问题的能力。如果家长克制宝宝爬行，会导致宝宝反应迟钝、动作笨拙等。

去室外锻炼视力

宝宝到了7个月左右的时候，到室外活动的机会逐渐增多，在进行室外锻炼的时候，也可以与宝宝的视觉锻炼相结合。相比较家中静止、呆板的玩具和图画，室外的花草、假山、流水等更吸引宝宝的眼球。这些活动着的、丰富多彩的事物，对于宝宝来说足够新奇而且能激发宝宝极大的兴趣，促进其视力的发展。

让宝宝听音乐而不是看电视

随着人们对于早期教育的重视，大部分宝宝还未出生就已经接受胎教音乐的熏陶，所以对宝宝来说，音乐已经是很熟悉的声音了。如果宝宝对音乐感兴趣，这个月就可以给宝宝听音乐，而不是给宝宝看电视。

听声认物

通常宝宝最先认知的是灯。当家长说：“灯在哪里？”他会用眼睛看灯。认识灯的训练方法：家长抱着宝宝，在开关前用手开灯、关灯，使灯时亮时灭，一面慢慢说：“灯”。宝宝的视线也会由家长的脸过渡到家长的手，然后再转移到灯上。每天练习5～6次，直到家长一说：“灯”，宝宝就会用眼睛盯着看。家长可以抱着宝宝在室内不同位置，看看宝宝的目光是否仍能找到灯。

7～8个月，宝宝爱模仿

宝宝的好奇心和模仿欲都很强，他常常会目不转睛地盯着周围的人和他们的动作，专心致志地模仿。这时，家长不妨利用好宝宝的模仿欲，进一步地开发宝宝的潜能。

抚触按摩

这一时期，宝宝的背部肌肉更加强韧且更具协调能力，这时爸爸妈妈可以给他做一些抚触按摩，进一步促进他的肌肉发育。

Step1

宝宝呈俯卧姿势，妈妈用拇指从宝宝的肩颈部按揉至尾骨端，约3分钟。

Step2

宝宝呈俯卧姿势，妈妈用拇指在宝宝的腰骶部反复按揉3～5分钟，并用空掌叩敲宝宝的腰骶部位50下。

Step3

宝宝呈仰卧姿势，妈妈用双手拿捏宝宝的四肢部位。

Step4

宝宝呈仰卧姿势，妈妈双手分别握住宝宝的上臂，从宝宝的上臂向手腕抚摩，抚摩的同时将其手臂向上平举。

Step5

妈给宝宝做肢体的屈伸动作，分别是肘关节、腕关节、髋关节、膝关节和踝关节的屈伸动作，约3分钟。

温馨提示

对于这个月龄的宝宝来说，现阶段尚不能通过大量的运动来增强肌肉耐受力。妈妈可以通过一些特定的按摩手法来代替剧烈运动，以达到增强肌肉耐受力的效果。

在交流中学习语言

这个阶段的宝宝喜欢模仿大人说话，会发单音节的词，也能理解一些简单的命令。这时，家长要经常面对面和宝宝说话，语速慢、发音准，并在宝宝模仿口形的同时，把手势动作和相应的词联系起来。例如说“再见”时教宝宝挥手，说“欢迎”时教宝宝拍手，既能加深宝宝对语言的理解，还有助于培养宝宝从小懂礼貌的好习惯。

不扼杀宝宝的好奇心

在婴儿时期，宝宝的学习能力和兴趣是很强的，探索外界事物的好奇心是宝宝较为突出的行为表现。喜欢触摸东西，甚至将东西塞进嘴巴里，再长大一些还会撕东西，问为什么……这些都是宝宝认识事物的表现。家长不要盲目制止，要为宝宝提供一个探索的环境，并鼓励宝宝的好奇心，让宝宝在探索中积累能力。

训练宝宝的模仿技能

模仿是宝宝的天性，也是学习的方法，在日常生活中，宝宝的模仿无处不在。当家长先拿起带有声响的玩具摇给宝宝看，宝宝听到声音后，接过玩具也会模仿着摇晃玩具；或者家长先拿一块积木放在桌子上，再拿一块摞上去，然后递给宝宝一块积木，让宝宝模仿，用不了几次，宝宝也学会了往上摞……慢慢就学会了自己搭积木。

克服宝宝分离焦虑的方法

分离焦虑是儿童心理发展的一个自然过程。当宝宝出现怕与爸爸妈妈分离为标志的怯生现象时，说明宝宝对家长依恋的开始，也表明宝宝要建立更为复杂的社会性情感、性格和能力了。家长不要随便让陌生人突然靠近、抱走自己的宝宝。同时，家长也不要长期离开自己的宝宝，要用热情友好的气氛去感染宝宝，并鼓励宝宝与年龄相仿的小朋友多接触，努力培养宝宝勇敢、友爱、善于与人相处等素质。

8～9个月，关注宝宝的行为

随着宝宝一天天长大，他学会的“本领”也越来越多。这其中大部分来源于对成人行为和动作的模仿。这也就要求家长多关注宝宝的日常行为，有意识地培养他的模仿能力。

让宝宝尝试爬行

为了增强宝宝的体力，为站立和行走打下良好基础，家长要充分利用室内环境，为宝宝开辟一个运动场，并和他一起做爬行游戏。

→ 家长可以和宝宝进行轮流追逐游戏。宝宝在前面爬，家长假装在后面抓，并用话语激励宝宝快爬，然后交换位置，家长在前宝宝在后，继续爬行游戏。

→ 家长一人做裁判，一人跟宝宝进行爬行比赛。不仅锻炼宝宝的体力，还能激发宝宝的好胜心，对培养竞争心理有益。

→ 鼓励宝宝进行障碍爬行。将枕头、毛绒娃娃等作为障碍物，家长引导宝宝战胜“困难”，最终爬到终点，从而锻炼宝宝的爬行能力。

进行体能基础训练

为了使宝宝各部位的肌肉能够承受其日益增加的活动量，对宝宝进行体能基础训练是必不可少的。

仰卧起坐训练。这项锻炼适家长和宝宝一起进行。训练时，宝宝仰卧，妈妈拉着宝宝的双手，先让宝宝坐起，然后再拉着宝宝的手顺势让宝宝躺下，多重复几次，可以增强宝宝的腹部和背部肌肉的力量。

翻滚训练。当宝宝俯卧时，会把下肢和上肢同时腾空离开床面，只是腹部着床。这个时候，当家长拿一个好玩的东西或者是吃的东西，放到宝宝的眼前，宝宝会用手去够，家长向一边移动手里的东西，宝宝就会跟着移动。这时，宝宝就是以肚子为支点在床上打转，很可爱。

弯腰拾物训练。家长抱着孩子，让孩子与家长面向同一个方向，再让孩子弯腰够物，够到了以后，让孩子依靠自己腰部的力量直起身体。

反应与运动训练。当宝宝能独立坐稳并自由转动身体后，家长可在宝宝身后的不同方向呼唤他的名字，让宝宝寻声扭过头和上身，以锻炼他的反应能力和脊椎的运动能力。

激发宝宝对冷热的辨别能力

家长通过有意识地对宝宝进行冷热物质触摸的刺激训练，可以激发宝宝对冷热物质的辨别能力。

Step1

家长从冰箱里取出一块自制的冰块放在小碗中，让宝宝用手触摸，并告诉宝宝："这是冰，很凉。"也可以让宝宝轻尝一下冰块，感受一下冰冷。但触摸时间一定要短，以免冻伤，也不要让宝宝进食过多的冰冷食物，以免损伤宝宝脾胃。

Step2

家长将热水瓶的盖子打开，把宝宝的手放在瓶口上方 15 厘米左右的地方，让宝宝感受一下热的感觉，并告诉宝宝："这里面的水很烫，会把你的手烫伤，宝宝不要随便动。"然后，把热水倒进杯子里，再让宝宝的手稍微靠近水杯，跟宝宝说："刚从水瓶中倒出来的水也是热的，要等凉凉之后才能喝。"既让宝宝感受到热的刺激，又教导宝宝不要随便靠近热的东西，以免烫伤。在进行热刺激训练时，要让宝宝的手与热的物品保持一定距离，千万不要烫伤。

抱着宝宝去串门

通过带宝宝去串门训练宝宝的人际交流和社会交往能力。家长带着宝宝到邻居家串门或者走亲戚，要告诉宝宝现在是在谁的家中，当邻居或亲戚要伸手抱抱宝宝时，家长要告诉宝宝说："让阿姨抱抱吧，阿姨很疼宝宝的"或者让宝宝表演"再见""飞吻"等。如果邻居或亲戚家也有宝宝，可以让两个宝宝相互看看，一起玩耍。

9～10个月，宝宝不喜欢重复

对于这个月龄阶段的宝宝，已经表现出想要站立的欲望，有些宝宝已经可以扶站了。如果孩子没有站的欲望，爸爸妈妈千万别着急，不必强行“帮”宝宝站立。建议爸爸妈妈抽出一定的时间陪伴宝宝，培养宝宝的兴趣，带宝宝认识外界事物等，促进宝宝的智力发育。

增加宝宝的爬行难度

9个月左右的宝宝已经爬得非常好了，为了进一步提高宝宝的体质，在进行爬行训练时，家长可以适当增加宝宝的爬行难度。充分利用居家环境，用棉被等做成一定的坡度让宝宝上下爬行，或者家长跟宝宝做爬行追逐游戏，以刺激宝宝的兴趣，提高宝宝的爬行能力。

学会独自站立

每个宝宝的身体素质和发育程度都不一样，到了9个月左右，有些宝宝已经表现出想要独自站立的欲望，家长要鼓励和满足宝宝的这个要求，但也要注意方式方法。

→ 训练宝宝独自站立时，可以先让宝宝两腿分开，脚稍稍离开墙壁一点。家长用玩具逗引宝宝，宝宝会想办法站起来，甚至尝试迈开步子。但家长千万不要急功近利，让不想站的宝宝站立。以此锻炼宝宝腿部力量和身体平衡能力。

→ 家长也可以扶住宝宝腋下，帮助其站稳，然后再慢慢松开手，让宝宝尝试下独站的感觉。

→ 家长还可以扶住宝宝腋下训练他从蹲位站起来，再蹲下再站起来，使宝宝借助家长的扶持锻炼腿部力量。

温馨提示

如果宝宝站不稳，家长要赶快扶住，以免宝宝摔倒，也不要让宝宝站立太久。

认识外界事物

随着宝宝对事物感知能力的逐渐增强，这时家长可以运用玩具或图片训练宝宝认识外界事物。玩具、图片、画册，可以使宝宝看到形象，模仿声音，还能让宝宝全面认识周围事物。同时，这也有助于提高宝宝与家长之间的语言交流能力，从而促进宝宝智力发育。在选择玩具或图片时，尽量选择安全无害、大小适宜、色彩鲜艳的，以免误伤宝宝。

培养宝宝广泛的兴趣

此阶段的宝宝除了身体能力在不断提高，还表现出对认识身边事物的浓厚兴趣。家长不妨好好利用宝宝的这一特点，在游戏中培养宝宝的兴趣。

寻找的兴趣。家长可以跟宝宝做捉迷藏或别的宝宝感兴趣的游戏，例如把宝宝喜欢的玩具用毛巾盖起来，并漏出一点破绽让宝宝容易找到。或者家长躲在门后，漏出手或脚趾头，让宝宝寻找。

解决问题的能力。家长给宝宝准备一个“储物箱”，里面装满各种安全有趣的东西，让宝宝去拿，然后再放进去，以培养宝宝解决问题的能力。在训练过程中，宝宝遇到困难时，家长不要急于帮忙，必要时再帮助，有助于锻炼宝宝解决问题的能力。

模仿。在模仿中，宝宝对动物的叫声特别感兴趣，家长可以给宝宝听一些动物歌曲或者和宝宝一起模仿动物叫声。一旦宝宝学会了，就可以顺势再模仿其他的声音，对促进宝宝语言的发展很有好处。

对空间的兴趣。家长带宝宝到公园里去的时候，把四周的事物指给宝宝看，帮助其形成空间感，刺激宝宝的视觉感官，或者教宝宝将容器装满水后再倒掉，既能建立宝宝的空间感觉，又能锻炼宝宝手眼协调能力。

10～11个月，宝宝拥有灵活的小手指

这个时期的宝宝非常好动，发育较早的宝宝已经可以扶着沙发等迈开腿了。蹒跚学步让宝宝的活动范围进一步扩大，而且手指也更加灵活。爸爸妈妈可以利用宝宝的这些特点，耐心细致地开展宝宝的早教活动，在鼓励和欣赏中让宝宝越来越“能干”。

巩固宝宝体能的基本训练

这个月依旧要继续之前的体能训练，即爬行、站立、弯腰和提腿训练，只为宝宝增强体质，巩固身体能力。

爬行训练。家长在前方呼唤宝宝的名字，或用玩具吸引宝宝，并鼓励宝宝向前爬行，并有一定的速度，或者在中途设置一些宝宝容易克服的障碍等。

站立训练。训练时，家长可以先让宝宝双手扶着床栏杆或桌子站立，当宝宝站得比较稳后，可以继续增加训练难度。

弯腰训练。做弯腰训练时，让宝宝直立，妈妈在后面一手扶住宝宝腹部，另一只手扶住两膝，在宝宝前方放一个玩具，让宝宝弯腰捡起玩具，并反复训练几次。

提腿训练。做此项训练时，让宝宝俯卧，两手放在胸前，两肘支撑身体，家长双手握住宝宝的两脚踝轻轻抬起宝宝的双腿，然后复原，尽量多重复几次。

锻炼宝宝手部动作的灵活性

当宝宝能够自己拿起物品，并有意识地将物品放下之后，还可以继续训练宝宝将手中的物品放到更小的容器中。例如，将较小的玩具放进小瓶子里，从而训练宝宝手部动作的灵活性。

帮助宝宝发展语言

此时的宝宝能够理解很多成人说的话。因此家长要抓住时机，帮宝宝发展语言能力。

指认技巧。在宝宝的世界里，每样事物都应该有相应的名称，并要把它们指认出来，家长可以随时随地告诉宝宝他所看到的事物叫什么名字。

回应技巧。在帮助宝宝发展语言时，家长要善于用各种方式促使宝宝表达他的意思，无论是通过说话，还是通过身体动作表达都可以。

倾听技巧。当宝宝的反应，不管是身体语言还是含混不清的话语，家长都应该侧耳倾听，并给予适时回应。既有利于宝宝语言能力的进展，也给宝宝一种被理解的满足感。

尝试教宝宝“识字”

“识字”对宝宝来说是一个视觉刺激，和认识一幅图画没有太大区别，对宝宝来说也

不是一件难事。家长借助宝宝喜欢的玩具、日常物品等尝试教宝宝识字。这种尝试，对宝宝的智能发育是有很大好处的。

给宝宝看图画书

随着宝宝眼界的开阔，仅凭眼前看到的东西作为宝宝的启蒙还远远不够，爸爸妈妈不妨通过图画书上的内容，教宝宝认识更多的事物，增强宝宝认识事物的能力。但需要家长注意的是，应尽量选购色彩鲜艳、内容简单清晰的图画书，把生活中的实物同书中的图画相比较，更能加深宝宝对事物的认识。

教宝宝认识颜色

取一件宝宝喜欢的有色玩具，反复告诉宝宝："这是红色。"待宝宝从几种不同玩具中指认出红色时要及时称赞宝宝。然后再拿不同颜色的玩具让宝宝把红色玩具都挑出来。教宝宝认识其他颜色也可以用这样的方法。等宝宝认识的颜色多了，可以让他同时挑出两种或两种以上颜色。这种训练方法，可以促进宝宝学习抽象概念，发展思维能力。

11～12个月，会说"不"的宝宝

快要长到周岁的宝宝，已经可以通过经验来对事物做出相应的判断和反应，从爬行、站立到蹒跚学步，宝宝的技能日益增加。家长在保证安全的基础上，放手让宝宝探索，有利于更好地激发宝宝的潜能。

练习走路

独立行走是宝宝成长道路上必须学会的一项技能，家长可以通过以下方法帮助宝宝学习走路。

练习扶行、独站。在一个安全可靠的活动空间内，家长用玩具引逗宝宝，鼓励他前行。独站的练习可以让宝宝靠墙独站，或者逐渐离开支撑物，让宝宝独站片刻。

练习自己走。宝宝独立行走的练习，应该是在宝宝能够独自站立、蹲下，并能保持身体平衡开始。宝宝可以在铺地垫的地板上或硬床上进行，两头都要有人保护，不要因为不安全给宝宝造成不良刺激。

教宝宝变换身体的重心

宝宝在学习走路的时候，每迈一步，就要交换一次重心。要想宝宝顺利迈出第一步，就要教会宝宝变换身体的重心。家长可以拉着宝宝的双手或单手，让宝宝向前迈步，或者让宝宝扶着墙或沙发走。有些胆小的宝宝，其实已经会走了，但总要家长扶着才敢走。这时，家长可以用毛巾或者围巾拉着宝宝走，然后逐渐放松毛巾或围脖，虽然宝宝还被拉着，但家长已经不起作用了。宝宝由于心理作用，依然敢迈步。

用笑容和宝宝交流

随着宝宝的长大，他已经懂得表达自己的需求了，在所有表达方式中，笑容已经成了宝宝用来表示需求的手段，也是宝宝智力发育更成熟的表现。当宝宝需要什么时，不仅会有动作，还能用表情来加以配合。这时，家长要善于和宝宝用笑容来交流，让宝宝体会到来自爸爸妈妈的爱。

帮宝宝消除恐惧心理

当宝宝在某个阶段感到恐惧时，爸爸

妈妈就要帮助和鼓励宝宝，使宝宝克服这种心理障碍，消除宝宝的恐惧心理。

不要强迫宝宝。如果宝宝对小猫的叫声感到恐惧，家长要给予宝宝时间去适应，而不是将小猫抱到宝宝跟前“帮”宝宝消除恐惧。

适时地安抚宝宝。当宝宝被某些声音或事情吓到而哭闹时，家长要及时将宝宝抱起，并轻轻安抚宝宝。让宝宝感受到家长温暖的怀抱，亲切的声音。通过跟妈妈的亲密接触，知道自己是被疼爱的，这对年幼的宝宝来说非常重要。

鼓励宝宝。当宝宝有恐惧感时，不能任凭宝宝恐惧下去，家长要帮助宝宝克服恐惧。唯有让宝宝了解他说害怕的东西不会伤害他时，宝宝才会改变想法。

安排充足的室外活动时间

有细心的家长发现，最近宝宝喜欢上了投掷东西，那就充分利用好室外环境，为宝宝安排充足的室外活动时间，让宝宝投个够。既满足身体发育的需要，还能保持宝宝的好心情。即便宝宝是左撇子，家长也不用强迫宝宝“改正”过来，否则会影响宝宝的情绪，也达不到健身的目的。此外，还要掌握好室外活动的时间。如果天气温暖，每天可以让宝宝在户外活动 2 小时左右，即使是冬天，也不要整天把宝宝关在房间里，适当地户外活动，接触一些冷空气，对宝宝的身体健康有利。

1～2岁，多鼓励宝宝表达

1岁左右的宝宝进入积极的言语活动发展阶段，在理解语言的基础上，说话的积极性也逐渐提高，家长要多鼓励宝宝表达，从而提高宝宝的语言能力。

做独立行走的宝宝

这个阶段是宝宝学习走路进展迅速的时期，开始他可能只是蹒跚几步，但会表现出走路的浓厚兴趣。家长要多给宝宝一些锻炼的机会，可逐渐拉长练习的距离，跟宝宝[illegible]玩扔球、捡球的游戏，或者让宝宝拉着小拖车之类的玩具练习走路，并使宝宝有机会[illegible]拉着玩具侧着走和倒退几步走。但如果1岁宝宝没有学走路的欲望，家长也不要着急[illegible]个月学会走路也是很正常的事。

让宝宝练习跑、跳

2岁左右，通过跑步训练可以锻炼宝宝的下肢力量、身体平衡性和灵活性的发展，对宝宝的空间、方位知觉和体感的发展有很大帮助。在进行跑步训练时，家长可以跟宝宝一起，采用做游戏的方式在玩耍中让宝宝练习跑步。同时，家长一定要把场所的障碍物清除干净，保护好宝宝的安全，以免误伤宝宝。每次训练的时间不宜过长，5分钟左右即可。

跳的训练则可以锻炼宝宝腿部的爆发力和动作的准确性、反应的灵敏性和膝关节的灵活性。跳跃运动的训练可以分为上下跳和跳圈两种，刚开始时家长可以拉着宝宝的双手让其屈膝向上跳，并轻轻落地，以免受伤，然后逐渐过渡到握一只手，最后让宝宝学会自己跳。跳跃训练也要在2岁左右再进行，不宜过早。

增强宝宝对音乐节奏感的认识

当宝宝听到音乐时，会用手脚和身体和音乐进行交流，这时家长要肯定宝宝，用打节拍或叫好的方式鼓励宝宝，并和宝宝一起扭摆身体，并诱导宝宝随着音乐的变化而变换动作，使宝宝对音乐的速度和节奏有较为清晰的认识。家长还可以跟宝宝做有音乐节奏的游戏，从而增强宝宝的节奏感。

抓住宝宝语言训练的契机

宝宝的语言能力在慢慢地发生着质的飞越，不仅词汇量增加，词汇的类别也在增加，还能从家长的语言习惯中掌握语言的语法结构，逐渐学会使用一些基本句子。家长要抓住宝宝语言训练的契机，多加训练。

日常生活中的语言练习。宝宝对说话的积极性，是发展语言能力的契机。家长要抓住这个机会，将语言练习自然穿插到日常生活和游戏中。例如早上穿衣时给宝宝教几个词，或者带宝宝去动物园时告诉宝宝一些动物名称等，都是不错的训练机会。

让宝宝找到学习语言的乐趣。生活中处处都是语言，也处处存在发展语言的机会，但在教宝宝说话时，要结合宝宝的兴趣，让宝宝在学习语言中感到乐趣，自然主动地学习，而不是刻意、枯燥地学习。

激发宝宝无限想象力

想象对激发创造能力有重要的意义，不论是学习还是生产实践都离不开想象。培养宝宝的想象力，首先从丰富宝宝的生活入手。讲故事、游戏等有利于发展宝宝的想象力，让宝宝在生活中得到更多的体验和更多的经验来丰富想象力，也能锻炼宝宝的语言能力，体会人与人之间交往的情感。所以，家长要尽量创造条件，启发宝宝想象，随着宝宝生活经验的丰富和语言水平的提高，到了3岁以后，宝宝的想象力会有较快发展。

跟小伙伴一起玩

随着宝宝活动范围的增大，他的交往机会也会越来越多，要有意识地让宝宝和一些小伙伴玩，或者教他将洋娃娃当作伙伴玩。此阶段的宝宝虽然还不能你来我往地合作玩，但要让他形成伙伴的概念。

2～3岁，做好入园前的准备

转眼间，宝宝马上就要3岁了，智力和感情的成长速度非常惊人。这时候，宝宝同时具有独立欲望和缠着妈妈撒娇的依赖感。把宝宝的自立与合作协调起来，为宝宝顺利入园做好准备。

跳远、跳高

当宝宝能够有意识地向前跳之后，家长就可以尝试教宝宝向上跳。通常这个阶段的宝宝可以跳出 5 ～ 10 厘米。

当宝宝能够双脚跳离地面，又能从台阶上跳下后，家长可以教宝宝站在原地往前跳，积极鼓励宝宝，并和他比赛看谁跳得远。尽管此时宝宝跳不了很远，但能让宝宝具备向前跳的意识，也有利于宝宝发展平衡能力。

和宝宝一起阅读

帮助宝宝学习阅读是促进他智力及人格发展的重要因素，也是为宝宝入园学习的基础。家长可以从以下几个方面，帮助宝宝提早阅读。

选择宝宝喜爱的图书。宝宝喜欢和熟悉的书籍或者绘本能激发他听、读、看的意愿，从而让宝宝主动学习。如果宝宝阅读之后愿意为家长讲故事，爸爸妈妈应该做宝宝的好听众，培养宝宝喜欢阅读的兴趣。

分享感受。家长和宝宝共同阅读，并交流各自的感受。即使爸爸妈妈的意见与宝宝的截然相反，也能激起宝宝的好胜心，同时，宝宝听故事、看书的兴趣也会大大增加。

激发宝宝的表演欲。家长声情并茂的朗读能将宝宝带入故事氛围，从而诱导宝宝模仿，多让宝宝担当主角，进而使他爱上表演，爱上阅读。

让宝宝学会手指点读。让宝宝拥有固定的故事时间，养成阅读习惯，从而进一步培养宝宝手指点读的习惯。刚开始时，让宝宝跟着家长的手指移动，之后再拿起宝宝的小手，讲到哪儿，指到哪儿。

训练宝宝的集中注意力

注意力能否集中对宝宝能否专注于一件事有决定性影响，而且还影响宝宝日后的学习。家长应从小训练宝宝集中注意力。

→ 让宝宝看照片或动物图片，并且提出一些问题，让宝宝观察后再回答。不断变换宝宝观察的东西，保持兴趣，依次进行宝宝视觉注意力的训练。

→ 在给宝宝讲故事之前，就事先把要问宝宝的问题告诉他，让他带着问题听故事，这样会让宝宝的专注力更高。

→ 通过让宝宝完成特定动作来达到锻炼动作注意力的目的。例如，教宝宝一些体操动作或者游戏动作，让宝宝留心观察，并依次完成。

→ 把眼睛看、耳朵听和身体做动作结合起来，既训练视觉、听觉又训练了动作。这种混合型注意力的训练难度有些大，在训练宝宝时要循序渐进，不能操之过急。

学数数

数字概念的理解受年龄限制较大，通常宝宝接近3岁时才开始识数。首先教宝宝“1”的概念，家长拿出一样东西给宝宝，告诉他这是“1”，并和多个进行比较。等到教其他数字时，要手口一致地数某样东西来数，使宝宝真正理解数字的意义。

让宝宝学会生活技巧

除了阅读能力、注意力等方面的训练，家长还要教宝宝一些日常的生活技巧。例如用筷子、穿衣服等，提高宝宝的自理能力，为入园做准备。

让宝宝学会用筷子。把香蕉切成小块，让宝宝试着用筷子夹起并送入嘴里。家长看到宝宝的进步要及时夸奖。

教宝宝认识日常用品。家长结合具体情况，采用教问相结合的方式教宝宝认识日常用品的用途。这有利于宝宝的语言表达，还能培养宝宝对周围事物的兴趣。

让宝宝学会整理衣服。家长一定要让宝宝参与到收拾衣服的过程中来，让宝宝认出是谁的衣服，能将衣服大致叠好，并放在正确的地方。

新科奶爸，陪宝宝玩出智慧

谁说带宝宝只是妈妈的专利？其实，爸爸也可以参与其中，利用业余的时间和宝宝做做爸爸参与的游戏。这样，爸爸既能参与到宝宝的成长过程，增进父子感情，又可以给宝宝树立一个高大、勇敢的形象。

0～1个月，躲猫猫

此游戏能用声音与视觉锻炼宝宝对声音的反应能力及注意力。

游戏准备：

将宝宝放在床上。

游戏过程：

1. 爸爸与宝宝脸蛋对脸蛋，然后说“哇”。
2. 爸爸用双手蒙住自己的脸，然后突然将双手放开，对着宝宝说“哇”。
3. 爸爸转头，然后说“哇”。

1～2个月，爱的华尔兹

在背景音乐的伴随下培养宝宝的节奏感，还有助于宝宝专注力的提升，同时增强宝宝对爸爸的信任感。

游戏准备：

播放节奏轻快的舞曲，怀抱宝宝，放松心情。

游戏过程：

1. 爸爸抱着宝宝随四三拍的乐曲跳双人舞，前跨步、后跨步、旋转……把宝宝仰抱、竖抱或俯趴在爸爸的怀抱上。
2. 变换姿势继续跳，还可以鼓励宝宝：“宝宝真棒”。

2～3个月，亲亲我的宝贝

通过这个游戏与宝宝的肌肤之亲，能促进宝宝的血液循环，使爸爸与宝宝有更深的交流。增强宝宝腿部肌肉的力量，使宝宝的肌肉骨骼、关节得到良好的锻炼。

游戏准备：

给宝宝洗完澡后把他放在床上。

游戏过程：

❶ 爸爸在宝宝的脸、胳膊、胸、肚子、腿等部位从上到下亲吻。

❷ 嘴唇对着宝宝的身体，一边吹气，一边颤动发出“啵啵”的声音。

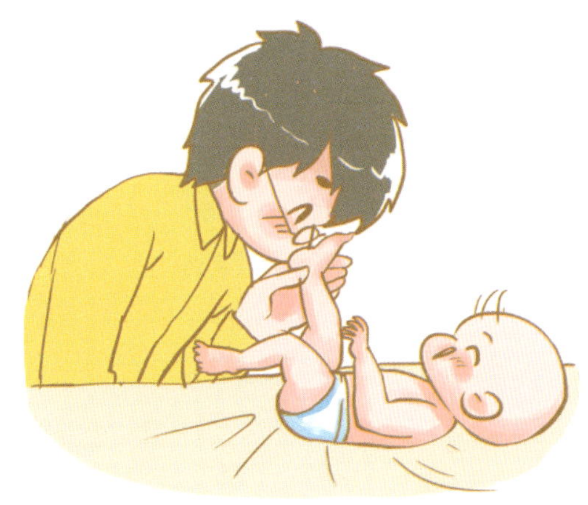

3～4个月，鹦鹉学舌

此游戏能引导宝宝回应性发音，锻炼其发音能力，促进语言能力的发育。

游戏准备：

让宝宝俯卧在床上。

游戏过程：

❶ 在宝宝情绪稳定的时候，面对着宝宝，试着对他发单个韵母“a、o”等，让宝宝看到爸爸发音时的口型。

❷ 可以将宝宝的手放在爸爸的嘴巴上，让宝宝通过触觉体会爸爸发音。

❸ 边教宝宝发音边逗他笑一笑，以刺激其发音。

4～5个月，碰一碰

这个游戏可以锻炼宝宝手部的活动能力、上肢与身体的平衡能力，从而锻炼宝宝的肢体协调能力。

游戏准备：

一串风铃。

游戏过程：

❶爸爸一手竖抱宝宝，另一只手提起宝宝的一只手去触碰房间里悬挂的风铃。

❷ 爸爸轮流举起宝宝的左右手去碰风铃，然后鼓励宝宝自己伸手碰风铃。

5～6个月，寻宝

让小宝宝自己找寻玩具，训练宝宝的表象记忆和思维能力，从而达到开发宝宝大脑的作用。

游戏准备：

一些宝宝喜爱的玩具，一个小枕头。

游戏过程：

❶ 爸爸当着宝宝的面将宝宝喜欢的玩具藏一部分在枕头下。

❷ 问宝宝："宝宝的玩具哪儿去了？"

❸ 假装找一会儿后掀开枕头说："原来在这里呀。"

❹ 多重复几次后再将玩具藏在枕头下，然后边发问边引导宝宝将枕头掀开，把玩具拿出来。

6～7个月，小鼹鼠钻山洞

这个游戏能增强宝宝腿部肌肉力量，为爬行、站立做准备。

游戏准备：

1条柔软的地毯，大空纸箱2～3个。

游戏过程：

❶ 爸爸把纸箱两头的盖和底剪掉，使之成为筒状。

❷ 把纸箱横放在地毯上，当作要钻的山洞。

❸ 爸爸把宝宝放在纸箱的一头，然后自己到纸箱的另一边。

❹ 通过纸箱筒看另外一边的宝宝，并逗引宝宝钻过纸箱。

7～8个月，小皮球别跑

此游戏可以增强宝宝前庭系统与小脑的平衡能力，为日后宝宝运动能力的发展奠定良好的基础。

游戏准备：

小皮球。

游戏过程：

❶ 爸爸将宝宝喜欢的小皮球放置在离宝宝稍微有一段距离的地方，鼓励他爬过去抓。

❷ 刚开始，宝宝的身体可能往前移动距离不长，爸爸除了要给宝宝做示范外，还要在适当的时候在宝宝后面轻轻推宝宝的身体。

❸ 慢慢把玩具放在远一点的地方，使爬行距离越来越长。

❹ 待宝宝能自己爬行，开始在小皮球与宝宝之间设置障碍物，如枕头、坐垫、玩偶等，并激励他翻越过障碍物。

8～9个月，大脚小脚齐步走

这个游戏可以让宝宝提前感受到行走的乐趣，对宝宝学习行走很有帮助。

游戏准备：

地点可以选择在家里干净的地板上，或是室外有松软草地的地方。

游戏过程：

❶ 爸爸和宝宝一起脱去鞋子，爸爸两脚稍分开，然后把宝宝的小脚放在爸爸硕大的脚上，爸爸的两只手扶着宝宝的腋窝下，让宝宝站稳。

❷ 爸爸说："预备，开始。"大脚带着上面的小脚一起往前走、往后退、斜着走，动作由简到繁。

9～10个月，滑滑梯

这个游戏可以帮助爸爸与宝宝建立良好的亲子关系，还能锻炼宝宝的胆量。

游戏准备：

软垫。

游戏过程：

❶ 将软垫放在客厅或室外的草坪上，爸爸背朝下，躺在垫子上，将腿抬离地面，屈起膝盖，让小腿略高于大腿。

❷ 让宝宝靠在爸爸的小腿上。

❸ 爸爸抖动小腿，慢慢地让宝宝倚着爸爸的小腿往下滑。宝宝勇敢滑下之后给宝宝一个拥抱和亲吻。

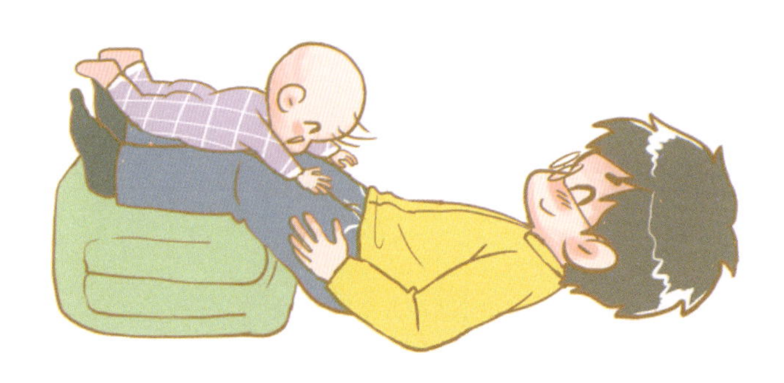

10～11个月，敲锣打鼓

这个游戏能提高宝宝手指动作的精细化程度，使眼、手、脑的配合协调能力进一步发展。

游戏准备：

配方奶罐、筷子。

游戏过程：

❶ 将配方奶罐放在宝宝面前，让宝宝手里握住一根筷子。

❷ 爸爸坐在旁边给宝宝示范敲罐子。

❸ 当宝宝能握住一根筷子敲出声音后，再让宝宝两手各拿一根筷子往配方奶罐的两边敲打。

11～12个月，我家的动物园

让宝宝记住布条动物发出的叫声，让宝宝练习发声，提高语言智能。

游戏准备：

动物图画书。

游戏过程：

❶ 让宝宝坐在爸爸的腿上，背靠爸爸，与爸爸一起翻图画书。

❷ 给宝宝看图画书中小狗的图片，告诉宝宝："这是小狗，它会汪汪叫"，同时爸爸学小狗的叫声给宝宝听。

❸ 分别教宝宝认识其他几种动物，并且边教宝宝认识动物，边给宝宝模仿动物的叫声。

1～2岁，高高矮矮真有趣

这个游戏采用对比法为宝宝强化了高与矮的概念，还能带着宝宝一起运动。

游戏过程：

❶ 爸爸喊口令："变高"，同时引导宝宝垫脚，伸直身体，举起双手。

❷ 等宝宝做到位后，爸爸再喊口令："变矮"，同时引导宝宝蹲下，弯腰低头，双手抱住膝盖。

❸ 跟宝宝反复练习几次后，爸爸就只喊口令，让宝宝独自完成"变高、变矮"的动作，强化宝宝对"高""矮"的认知。

1～2岁，让玩具回家

让宝宝不依赖他人，培养自己动手的意识和能力，从而提高宝宝的自理能力。

游戏准备：

宝宝经常玩的玩具。

游戏过程：

❶爸爸将宝宝经常玩的玩具放在不同的地方，如地上、沙发上、床上、桌子下等。

❷告诉宝宝，玩具累了，该让它们回家了，引导宝宝自己将玩具放在玩具箱内。

❸先将玩具放在宝宝容易拿到的地方，等宝宝熟练游戏后再将玩具放在不那么容易取到的地方，让宝宝学会克服困难和障碍，依靠自己的力量拿到玩具。爸爸可以给予适当启发和引导，最好不要代劳。

2～3岁，气球高高飞

这个游戏能锻炼宝宝的大动作能力，训练身体的平衡能力，体验游戏乐趣，增进亲子感情。

游戏准备：

硬纸板，气球。

游戏过程：

1. 把硬纸板用剪刀剪成适合球拍的形状，大小要适合宝宝使用。
2. 把气球吹鼓，系紧，然后将球抛到半空中。
3. 让宝宝用硬纸板做成的“球拍”向上接打气球，使之不落地。
4. 爸爸和宝宝可以一起追逐气球，抢着把气球托起。

2～3岁，买水果

通过玩这个游戏可以提高宝宝的语言表达能力，认识多种水果。

游戏准备：

玩具水果或水果卡片。

游戏过程：

1. 爸爸充当水果店老板，将提前准备好的一些玩具水果或水果卡片放在桌面上，让宝宝提着小篮子或小口袋来买水果。
2. 爸爸要先让宝宝说出水果的名称才能让宝宝拿走水果，没有说对就不能拿走。
3. 如果有宝宝不认识的水果，爸爸就要现场教学，直到宝宝能说出所以水果的名字为止。
4. 爸爸和宝宝的角色互换，让宝宝当水果店店长，爸爸来买水果。爸爸可以故意说错 1 ～ 2 种水果，看宝宝是否听得出，能不能及时纠正爸爸。

Part
6

走进孩子内心世界，培养快乐宝宝

每一个宝宝呱呱坠地时都是一张无瑕的白纸，成长就是涂色的过程。

聆听宝宝内心的声音，一同感受成长的美好，驱散育儿过程中的迷雾，

让宝宝成长的每一天都健康快乐、多姿多彩。

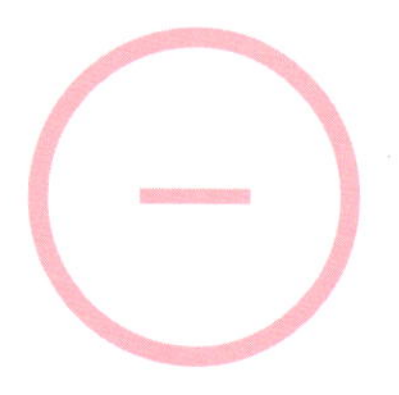

培育新主张，让宝宝快乐成长

在育儿之路上，很多家长或多或少会存在这样的错误观念：听话的宝宝才是好宝宝；跟宝宝开玩笑是喜欢宝宝……其实，这些并不一定都是科学的。作为新手爸妈，有必要学习一些培育新主张，给宝宝更科学的爱。

不要强迫宝宝叫人

见到不熟悉的人，宝宝会有怕生心理，不爱叫人，这是宝宝自我意识的发展和自我保护的本能。这时如果强迫宝宝叫人，就是在侵犯宝宝的自我意识，破坏宝宝自我保护的本能。

父母指责宝宝“不懂事”“不礼貌”“不乖”等，不仅伤害宝宝自尊，也是一种语言暴力。这种语言暴力只会导致宝宝更不喜欢与人打招呼，甚至可能给宝宝留下心理阴影。

新主张

当见到熟人时，父母可以提醒宝宝叫人，如果宝宝不愿意叫，也不要指责。家长可以以身作则，之后再了解宝宝不愿意叫人的原因。如果宝宝因为怕生或胆小，可鼓励他尝试，如果宝宝尝试了，父母应及时给予表扬，增强宝宝的信心。

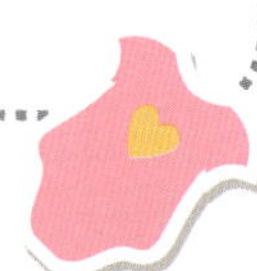

不要一味压制宝宝的情绪

当宝宝哭的时候，很多父母担心他以后会变得脆弱，而想方设法制止宝宝哭泣，或担心他哭坏了，而急于安慰。其实，哭是宝宝情绪宣泄的一种方式，可能是宝宝恐惧、不安或烦恼。如果父母一味要求宝宝不哭，宝宝的情绪得不到合理宣泄，也容易出现情绪抑郁。

新主张

宝宝既然有了这样的感受，父母就应该接受并引导他面对，不能以自己的标准衡量宝宝，拒绝和否定宝宝的情绪。

如果家长一味压制宝宝的情绪则可能会导致宝宝出现情绪压抑，无端哭闹、自我封闭或出现攻击性行为等。

不宜过分逗宝宝笑

宝宝适当笑既可以增加肺活量，增进呼吸肌的运动，又能给家庭带来欢乐，但过度逗笑宝宝就存在一些潜在的危险了。宝宝缺乏自我控制的能力，也不太懂得表达。如果成人一直逗他，他就会一直笑，但时间久了，宝宝可能觉得难受了，却停不下来，也不懂得跟妈妈讲。稍不注意，就会使宝宝出现短暂性缺氧。特殊时候逗笑，如进食、洗澡时，容易使食物或水随着气流进入气管，引起呛咳，甚至出现异物卡喉，引发窒息。

新主张

家长应注意，不可在宝宝进食、喝水或洗澡时逗宝宝笑。平时如果大人的某些行为引起宝宝大笑，之后可适当停止，不能让宝宝长时间大笑，更不能使用捏脸蛋、捏鼻子、转圈圈、坐飞机、抛宝宝等方式引逗宝宝大笑。

不要对宝宝开恶意的玩笑

宝宝年纪小，分不清想象和现实，会把听到看到的实际与自己的想象搞混，有时候认为自己幻想的世界是真实的。自然分不清楚什么是玩笑，更不明白玩笑与现实的区别。那些恶意的玩笑会让宝宝变得胆小怕事，欺骗宝宝的玩笑会让宝宝变得冷漠多疑……家长一定要避免跟宝宝开恶意的玩笑。如果有别人跟宝宝开这种玩笑，家长要及时制止，不要不好意思。

新主张

作为家长，应该保护宝宝，抵制一切对宝宝开的恶意玩笑。如果别人逗宝宝，玩笑太过分，爸爸妈妈在场的话马上把宝宝抱开或带走，不要让他继续留着这个恶意玩笑环境中。把宝宝带到一边后，蹲下来看着他的眼睛认真地告诉他，爸爸妈妈爱你，任何情况下爸爸妈妈都会陪伴你，保护你。之后再与他人郑重沟通，请他们不要再开宝宝玩笑。

在宝宝面前说话要有所顾忌

一些家长认为，宝宝还小啥也听不懂，大人说话就不管不顾。殊不知，父母大声说话甚至吵架时，宝宝虽小，但也会产生恐惧感，长大后容易性格暴躁。所以，父母在宝宝面前一定要多加注意，这非常重要。有一个著名的教育学家也说过一句话“小心说话，因为你的面前有宝宝”。

新主张

作为家长，首先应该要明白，“身教”的作用远远强于“言传”，要以身作则，时时处处注意自己的言行举止。同时，在宝宝面前，讲话的方式也应该注意。如果家长要说私密的话题，尽量避开宝宝。如果大人之间有了分歧，也尽量以平和的态度进行沟通，无论何时，千万不要在宝宝面前争吵。

不是“听话”的宝宝才是好宝宝

“听话的宝宝就是好宝宝”，这是大部分中国家长秉持的教育观念。在国内的教育体制下，听话的宝宝也往往会更多得到家长和老师的青睐。从宝宝出生开始，很多父母都教育宝宝要“听话”，其实，更多的时候如果宝宝太“听话”，就缺乏了主见；如果宝宝不“听话”，父母又容易急躁，担心宝宝“犯错”。

新主张

“听话”背后的真正意义，是让宝宝遵守大人的“规则”。其实是为了省心省事。事实上，父母可以在和宝宝一起约定规则，但也容许宝宝有自己的主见，父母也要尊重宝宝的意见。不过，在部分情况下，父母应坚持让宝宝“听话”：第一种情况就是宝宝还小的时候，要学习基本的生活技能，例如刷牙、吃饭等；第二是一些基本的行为准则，如不拿别人的东西、礼貌待人等；第三是在紧急情况下，父母必须要求宝宝绝对的信任和服从。不过，这份“特权”要在特殊的情况下使用，若经常使用，很快便会失去效果。

不要一味打骂宝宝

宝宝在7岁之前很难搞清楚为什么会被打骂，只有通过年龄的增长和生活的经历，他才能理解为什么同样的行为会有不同的待遇。如果父母破坏性地打骂宝宝，宝宝在被打骂完之后，表面上哄好没事了，实际上他被打骂的感觉永远存留在潜意识里。一旦有相同的环境触发宝宝内心的那份感受，便会诱导他当时被打骂时的一种生理反应——恐惧、焦虑。

新主张

对于宝宝的教育，父母千万不要掉以轻心。如果宝宝犯了错误，应该明确告诉宝宝他错在哪里，而不是一味打骂宝宝。之后，家长可以和宝宝商议一个惩罚的方式，如面壁思过或做家务等，以合理的方式让宝宝明白做错事的后果和需要承担的责任。

不要强迫宝宝在别人面前表演

不可否认的是，让小孩在众人面前表演，对建立其自信心有一定的帮助，但也可能极大地刺激宝宝，让他感觉受挫和尴尬。通过表演提升自信只适用于那些乐于表现的宝宝，对于那些性格内向，不想在众人面前表演的宝宝来说，强行让其表演只会适得其反。

新主张

每个宝宝的性格都不同，大人要充分尊重宝宝的意愿。是否愿意在大人面前表演，完全要取决于宝宝的个人意愿。如果宝宝喜欢表现自己，让他在大人面前表演，可以给宝宝正面的肯定；如果宝宝不愿意表演，大人一定要尊重宝宝的意愿，不要强求。

给宝宝纠错要注意场合

宝宝犯错误是再正常不过的事情了，但很多家长并不知道如何正确地指导宝宝。有时候为了所谓的权威或面子，很多家长看到宝宝犯错，不顾场合就大声斥责宝宝或纠正宝宝的错误。这样做并不能纠正宝宝错误，反而会适得其反。

新主张

当着其他人的面责备宝宝的时候，就是在将他的注意力从内心的负罪感转移到尴尬和羞耻上。作为家长，纠正宝宝的目的并不是让宝宝尴尬，而是引导他去改。如果宝宝犯了错，在只有家长和宝宝的情况下，认真地告诉他做错了，错在哪里，再慢慢告诉他以后如何改正。

勿以“爱”之名，过度打扰宝宝

因为关心或关注过多，宝宝的任何事情，家长总是忍不住想要插手。例如宝宝玩得好好的，家长认为宝宝把玩具装错了地方，告诉宝宝应该怎样装；担心宝宝不吃饭，总是追着喂他……在这些看似关心和爱的背后，家长剥夺了宝宝自我探索和学习的能力，也容易造成宝宝注意力不集中。

新主张

父母应该管理好自己“教育心切”的心情，做宝宝的观察者与协助者。当宝宝正在很专注地探究某个玩具或者某个物品的“奥秘”时，对其他事物看起来缺乏兴趣，不要打扰他。我们要做的事情，就是在他探索的过程中帮他排除那些可能会遇到的危险。当他在遇到挫折向我们求助的时候，给予他必要的帮助和情感的支持。

不过，如果宝宝专注于某项活动时间太长，可能会影响健康时，家长一定要干预，适时转移宝宝的注意力。

莫强迫宝宝分享

父母都希望自己的宝宝在别人面前懂礼貌，乐于分享。其实，宝宝不愿意分享是很正常的。有研究认为，宝宝在6岁之前都是“自私”的，他们还不能真正懂得“分享”的含义，如果一味地强迫宝宝分享，会阻碍宝宝成长。

新主张

3岁之前，不要让宝宝分享，因为他们还不懂“分享”的概念。3岁后，可以引导宝宝分享，体验分享带来的喜悦，切不可盲目给宝宝贴上“自私、小气”的标签。家长应尊重宝宝的物权，即宝宝的东西应该由他自己做主，是否与他人分享是他的自由，家长不可盲目干涉。

不要一味对宝宝讲道理

家长总是不停地给宝宝讲道理，认为只要把道理讲清，宝宝就应该理所当然地按着道理做。事实上，我们所说的大多数道理宝宝是听不懂的，宝宝是通过行为来学习，通过感觉来体会道理的，根本不是按着道理去做事情的。

对于我们成人的世界，所有的理解都包含着误解，更何况宝宝。他们还不懂得成年人的做事规则，更无法完全理解成年人心中到底要表达的是什么，又怎么会按照成人的“道理”来处事呢?

新主张

对年龄较小的宝宝，父母可以用具体的事例来代替“道理”。这样，宝宝的认识会更直观，也较容易接受父母的意见。如果是年龄稍大的宝宝，给他讲道理就要注意技巧。

在宝宝情绪稳定的时候，家长用平和的口吻，用聊天式的语言和宝宝沟通，结合具体的事例，帮宝宝分析哪里错了，为什么错了。不要重复讲道理，只要观察到宝宝已经有悔改的意向了，家长就可以不说了。

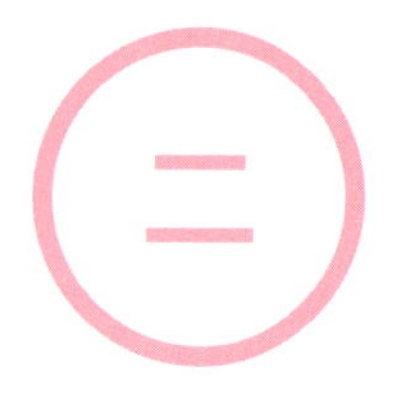

正确引导不良行为，做阳光宝宝

在着手改变宝宝行为之前，首先弄清要纠正宝宝的哪些行为，而不是简单地批评。必须具体理智地分析宝宝存在的问题，做到心中有数再采取措施，引导宝宝改掉不良习惯。

吮指是正常的生理需要

看到宝宝吃手，有的家长可能随宝宝，不予纠正；也有的家长会大惊小怪，阻止宝宝。其实，对宝宝吮手指这个行为，父母应理性看待。

宝宝2～3个月时开始吮指。起初他们只是将整只手放到嘴里，接着是吮吸两三个手指，最后发展到只吮吸1个手指，这说明婴儿支配自己行为的能力在逐步提高。这是一种正常的生理现象，可以让宝宝生理和心理需求得到满足。此时，家长不要盲目制止，平时可多注意宝宝手部清洁，用玩具或其他事物吸引宝宝的注意力，帮宝宝转移视线，逐步改善吃手的习惯。

另外，宝宝一旦开始长牙，即将“破土而出”的牙齿会让宝宝牙床不适。这个时候，宝宝会通过吃手“抚摸”牙床来减轻这种不适感。

与出牙期的宝宝频繁吃手不同，满1岁的宝宝更愿意吮吸自己的大拇指。父母仔细观察一下宝宝吮吸拇指的情况，从吮吸的频率和力度两方面分析。如果宝宝只是偶尔才吮吸拇指，且吮吸的力度并不大的话，属于正常情况，不需要制止。如果担心宝宝吮指不好，可以用其他的东西来代替安抚宝宝，如一个陪睡玩偶。

当宝宝进入幼儿时期，不再靠吸吮满足心理需要，寻找安全感。若1岁，甚至更大的宝宝仍然不自觉的出现吮指现象，作为家长，要懂得留心观察，并适当干预。观察宝宝在什么情况下常吮指，每个宝宝吮指的时机不同，有的在焦躁、过虑、紧张时会通过吸吮手指缓解不良情绪，获得安慰；有的宝宝会通过吮指帮助入睡。吮指时机不同，解决方法也不同，一旦吮指现象变得无限制，甚至影响宝宝口腔发育，需要立刻矫正。

宝宝黏人，要给予理解

不知从哪一天起，宝宝突然变得很黏人，可能是黏妈妈，也可能是黏奶奶或外婆，有时候原本玩得好好的，看到妈妈或奶奶转身就大哭，一刻都离不开。有时会让家长因此而感到特别的烦恼。

其实，宝宝突然爱黏人，主要是由于他内心“不安全”的感觉所致。这又多与平时的家庭照看方式有关。宝宝会与密切的照顾者之间形成依恋关系，这种依恋能够给到他内心一种“安全”的感觉。一旦分离就像失去了感情依托，出现焦虑的情绪，尤其是内心情感丰富的宝宝，会表现得更加强烈。

平时应努力创建一种和谐的家庭关系，除了照顾者外，家庭其他成员也要多和宝宝接触、玩耍，给他创造一种安全和信任的环境。当宝宝出现黏人的表现时，可以通过玩玩具、画画等转移宝宝的注意力。

认真寻找宝宝不合群的原因

宝宝不合群，喜欢独处，表现出某种程度的人际障碍，主要有三种类型：一种对与人交往这件事本身就不感兴趣的；第二种是因为焦虑、担心等情绪原因不能与他人交往，主要表现为交往退缩；第三种是在交往过程中不被其他小朋友接受，在以往的人际交往中遭到过拒绝。

为什么宝宝不合群？主要有四种原因：一是在宝宝16～18个月的时候身边没有同龄的朋友，导致他们不会与同龄朋友相处交流，没有能力处理两者之间的关系；二是家长对宝宝过度保护，在人际交往方面进行严格的“把关”；三是宝宝之前在交往过程中遭受过拒绝等，对一段新的关系有恐惧感；四是宝宝可能有自闭症等。

要想解决宝宝不合群的行为，就要去探索问题行为发生的原因，针对不同的原因给予不同的帮助。若是遭遇到拒绝的宝宝，可以给予宝宝一些人际交往方面的方法；对于不被喜欢的宝宝，家长应给予关照，找出不被喜欢的原因。如果家长不能给予有效的帮助，可以求助专业的心理咨询，帮助宝宝认知自我，打开自我，和朋友友好相处。

想要什么就抢，怎么办

1~2岁的宝宝大都会抢别人的东西，这是很常见的现象。一方面是因为别人的东西是新鲜的，自己没有见过的，宝宝出于好奇；另一方面是因为宝宝正处于自我意识敏感期，它的突出表现就是“以自我为中心”。这并不是说宝宝自私，而是他只会从自己的需求出发考虑问题，而不会考虑事件的后果。尤其是在第一次“抢”成功之后，很多宝宝会认为这是解决问题的方式。

为纠正宝宝这一行为，如果宝宝已经动手开抢，父母应提醒他，这是“别人的东西，你想玩的话要征求××的同意。”如果宝宝征求别的小朋友同意被拒绝，就安抚宝宝，告诉他被拒绝很正常，就像有时候他也不愿意和别人分享他的东西一样，没有什么大不了的。除了这个外，宝宝还可以玩其他的玩具，在慢慢地引导中，转移宝宝的注意力。

如果遇到比较粗暴的家长或小朋友强行把玩具抢回去，父母应冷静处理，避免冲突，首先保护宝宝不受身体伤害。慢慢安抚宝宝情绪，并告诉他对方的处里方式不对，但当他遇到危险的时候，爸爸妈妈永远都会保护他。

冷静处理宝宝的“暴力行为”

当宝宝行为受到限制，想引起爸妈注意，要睡觉，想得到别人的东西时，由于不会表达或表达方式不对，往往会出现打人、摔东西等暴力行为。面对宝宝的“暴力行为”，家长不仅头疼，而且担心这会影响宝宝日后的行为和性格。

作为家长，我们能做的是以身作则，不以暴力方式处理问题，尤其是宝宝犯错误时，不纵容宝宝的行为，冷静处理。例如让宝宝自己在房间冷静一会儿，待情绪稳定之后再仔细说明暴力的言行是不对的，以及由此带来的后果。

之后，可与宝宝一起约定规则，制订奖励与惩罚机制。以后遇到同样的情况，宝宝做得好，便可得到奖励或某些特许。以积极热情的方式对宝宝表现出的亲善行为予以鼓励。积极鼓励的态度会强化宝宝的良好行为，使宝宝表现得更为积极。当宝宝表现不好，就需要承担相应的惩罚。

宝宝不认错是有原因的

有时候，宝宝犯了错，家长已经连续问了他好几次，他就是不肯认错。纵使气急败坏，宝宝还是不肯吱声。千万不要以为不肯认错的宝宝就不是好宝宝。宝宝不认错是有原因的，其中不乏家长自己的过错。

很多时候，家长认为的错误，宝宝并不觉得是自己做错了，这是因为家长在宝宝犯错前或犯错后没有清楚地告诉宝宝，什么言行是不对的。同时，有的宝宝可能是因为自尊心强、担心父母生气或因为他觉得父母平时有错也没有认错等原因，觉得自己没有必要认错。

为正确引导宝宝认识到自己的错误并加以改正，家长平时应做好榜样。平时或宝宝犯错之后，就事论事告诉宝宝到底错在哪儿，为什么错了。不要因为宝宝的错误，而说宝宝不听话、自己很失望或宝宝很笨这类话。同时，如果家长平时在某些方面做得不对，也应该主动跟宝宝认错，并努力改正，给宝宝树立好榜样。当宝宝意识到自己的错误后，父母可以善意提醒他以后应该怎么做，而不可强迫宝宝一定要说“对不起”“我错了”之类的话。

正视宝宝的“10秒钟”耐心

3岁以内宝宝，专注力大约维持在5分钟以内，4～6岁宝宝的专注力也很难超过15分钟。由此我们不难理解，很多宝宝为什么总是吃饭时边吃边玩，玩玩具时拿拿这个、碰碰那个，排队时更是显得焦躁不安。

宝宝活泼好动、好奇心强，注意力不集中完全正常。因为注意力不集中，宝宝很难持之以恒地完成某件事。另外，由于家长的不耐心或经常适时满足宝宝，使宝宝更加缺乏耐心。

宝宝好奇心强容易被打扰，鉴于这种情况，爸爸妈妈要尽力给宝宝创造一个可以专心的环境。比如，宝宝玩玩具的时候，手边就放一个玩具，其他的放在玩具箱里。这样，就避免了宝宝一会儿玩玩这个，一会儿拿拿那个，或者干着这个，想着那个，导致注意力分散。

当宝宝专心做事的时候，妈妈也要管住自己，不要走上去打扰宝宝。即使妈妈真的有事，也要等宝宝“闲下来”了，再跟宝宝说。妈妈一定要明白，宝宝的注意力就是在专心于一件事情，专心玩一种玩具的过程中锻炼出来的。

如果宝宝到了3岁的时候做事情总是两三分钟就厌烦，最多的时候也不能坚持5分钟，那么就可以断定宝宝缺乏耐心，需要引起重视。

爱当“小跟班”源自崇拜心理

小宝宝不喜欢跟同龄的小朋友玩，反而喜欢当大宝宝的“小跟班”。这是怎么回事呢？当宝宝看到大宝宝会滑滑梯、玩绳、用沙子堆出各种各样的事物来时，他深深地被大宝宝那强大的本领所折服，崇拜心理油然而生。

当“小跟班”一方面可以让他在与大宝宝玩耍中提高语言和社交水平，加强了身体动作的灵敏度和协调性，另一方面也可能受到大宝宝的欺负。孩子要不要给大孩子当“小跟班”，很多家长做决定就显得比较为难。其实，只要正确引导，作为“小跟班”的宝宝能成长得更快。平时，父母应尽量多带宝宝出去玩，鼓励他与不同年龄的宝宝交往，指导他学习与人交往的基本技能。

“人来疯”宝宝只是渴望得到表扬

“人来疯”，指在人多的场合表现出的一种近似胡闹的异常兴奋状态。

幼儿要求受到成人的关注，不仅是他们的一种生理需要和安全需要，更是一种不可或缺的心理需求和情感需求。在一般情况下，他们会采取自我表现等方式来引起大人们的关注，迫切希望大人对其行为表示认可和称赞，从中获取自尊和自信。因此，一旦家里来了客人，他们就感到好奇、兴奋、行为失控，并希望能够引起别人的注意。即使受到批评，也比没人理睬、枯燥乏味的生活有意思。

家长要纠正宝宝“人来疯”，可以采取以下方法。

→ 当宝宝表现夸张时，家长可提醒朋友不要理会宝宝行为，没人理睬，宝宝觉得没趣，自然也就偃旗息鼓了。

→ 如果宝宝有表现的欲望，家长可以根据宝宝的特点或特长，请他表演，给予关注和正面的肯定。

→ 家里来了客人可鼓励宝宝给客人拿东西、参与交谈，可满足宝宝的表现欲，但要教会宝宝克制自己的行为。

宝宝明显多动怎么办

调皮好动是宝宝的天性，但如果宝宝的身体活动明显多于其他同龄宝宝，自控能力差，父母不免担心宝宝是否有多动症。如果宝宝在活动中明显表现出注意力不集中、活动没有目的、活动不分场合、活动时动作协调能力差等，应去专业机构进行测评，而不是妄自给孩子贴上“多动症”的标签。

在早期，由于大多数家长缺乏对多动症的认识，将其与宝宝好动、调皮、不学好、染上坏习惯混为一谈，采取听之任之的态度或没有选对治疗方法，致使各种症状伴随着宝宝成长，导致宝宝出现自尊心差、缺乏自信、情绪不稳定等不良现象。因此，在父母发现宝宝有明显的多动倾向，应带宝宝进行系统的检查。

一般而言，对明显多动宝宝的日常护理应注意以下几点。

- 让宝宝养成规律作息的生活习惯。

- 家长可引导宝宝多跳绳、打球或玩可促进宝宝感觉发展的玩具。如果家庭经济条件允许，也可以让宝宝参加专业的感觉统合能力训练。

宝宝撒谎可能是求助信号

儿童心理学研究发现，几乎所有的儿童都会“说谎”，但宝宝说谎并不一定都是不诚实的品质问题。他们大部分谎言来自想象、愿望、游戏，偶尔有出自辩解或引人注目的目的。无论哪一种情况，都不属于真正的谎言，千万不要随便就下结论说孩子有品质问题。

宝宝会撒谎很有可能是遇到令他为难的事情，而这一事实可能会引起一系列不良后果：影响其他人对他的态度，宝宝很自然会选择一个相对自己有利的表达方式。所以，家长不要一味认为撒谎是宝宝的错，可以将此视为宝宝的一种求助信号，给予宝宝适当帮助和正确引导。

父母自己要做出好榜样，尽量避免不必要的谎话和借口。即使宝宝说了谎，也要让他明白爸爸妈妈非常信任，能理解他的心情，并要与宝宝一起商量下一次遇到类似情况怎么用好办法代替说谎。避免立即在外人面前指责宝宝或不明就里惩罚宝宝。

“玻璃心”宝宝如何应对

“玻璃心”用来形容心理脆弱的人，这些人心理承受能力差、敏感、经不住打击。在不少爸爸妈妈眼中，自家的宝宝就是十足的“玻璃心”，一句话说得重了，宝宝的眼泪就在眼眶打转了。

家里有“玻璃心”的宝宝，父母不必过于紧张，平时在生活中适当注意说话的方式，以平和的态度跟宝宝沟通（尤其是宝宝犯了错误或情绪不佳时）。另外，父母应该适当培养宝宝独自解决问题的能力，并给予宝宝适当的挫折教育。当宝宝要某个玩具时，可以延迟满足或告诉他要通过自己的努力得到。

这些都是锻炼宝宝心理承受力的方法，更为重要的是家长应该让宝宝有足够的安全感，并接纳宝宝的负面情绪。当宝宝感受到了父母深深的爱意和关心时，就有更多信心处理各种问题了。

爱说“不”，不仅仅是为了否定

当宝宝长到两三岁，他们发现自己能够表达自我的意见，会喜欢说“不”“不要”“不会”这样的词。这是宝宝成长的一个表现，只是因为个体差异，表现的程度会有所不同。宝宝说“不”，并不完全是为了否定父母意见，更多是想表达自己已经长大了，有自己的意见了。因此，面对经常说“不”的宝宝，父母首先应保持冷静，不要急躁，否则会激发宝宝逆反心理。接着，父母可试着让宝宝做选择题，“你是大宝宝了，大宝宝可以做选择题哦，妈妈说一个问题，你会怎样选择呢？”然后让宝宝在父母可以接受的两种答案之间做出选择，这样宝宝也乐于接受。之后，不要忘了表扬宝宝。

如果经过耐心沟通，宝宝仍然坚持自己的想法，反复拒绝，父母不要在当下强迫宝宝做他抗拒的事情，并给宝宝适当的理解，告诉他“既然你现在不太想接受妈妈的意见，那我们过一会儿在来解决这个问题吧”。通常这样沟通效果会更好。

宝宝的恐惧来自哪里

宝宝的认知能力有限，加之他们丰富的想象力，喜欢把自己生活中遇到和了解的事情进行夸张的想象。比如，他们可能认为雷声是怪物使的招数，是魔鬼在使坏；他们还会把平日动画片里的怪物、魔鬼很自然地联想到生活中来。

当宝宝表现出恐惧的神情时，千万不要不当回事。宝宝害怕一定有原因，父母一定要问清楚宝宝害怕什么，而不是嘲笑宝宝胆小。找出问题的症结，通过有力的解释和劝说，帮助宝宝驱散恐惧的阴影。除此之外，父母还可以给宝宝准备合适的安慰品，并告诉他，当他感到害怕时，这个东西会保护他。

宝宝在6岁前往往还不能区分虚幻和现实，平常家长尽量不要吓唬宝宝，或者是让宝宝看恐怖电影。

解读宝宝的“害羞”现象

据统计，大约有 1/5 的儿童天生就害羞。正常的宝宝 6 ~ 7 个月后见到陌生人开始变得不怎么爱笑了；7 ~ 9 个月的宝宝，见到陌生人则开始紧张；再大一点，宝宝更习惯只跟自己熟悉的家人玩耍，排斥与陌生人说话。害羞，是宝宝自我意识萌芽的表现，不必急于矫正。但如果害羞过头，则容易使宝宝出现自卑心理，父母就要找出问题所在，并积极解决。

如果宝宝有过度害羞的表现，父母应多鼓励宝宝与人接触，并多给宝宝表现的机会，以赞美、鼓励来代替责骂，让宝宝觉得自己是被接纳、被喜爱的，让其在充满安全感的环境下建立自我价值。

宝宝的嫉妒心在作祟

不许爸爸妈妈亲近或爱别的宝宝；别的宝宝取得了成功，学习上有了进步，或受到教师的表扬时，对别的宝宝中伤、讽刺、排斥等；别的宝宝比自己穿得好，或玩具多，或小伙伴多，就打击、嘲弄、疏远，甚至怨恨；别的宝宝没有满足自己的欲望，就产生对立情绪，或采用另外的形式补偿和替代……这是宝宝嫉妒心驱使下的常见行为。

嫉妒是人类与生俱来的，宝宝有嫉妒心理，只要很好地教育引导，便可以变压力为动力，激发宝宝发奋上进。对于好嫉妒的宝宝，家长应采取心理疏通并辅之以思想教育来消除。对宝宝的赞许、表扬，既要实事求是，又要使宝宝承认自己的成功有周围伙伴的贡献和帮助。

与此同时，要宝宝看到自己的不足来防止宝宝骄傲自满，过高估计自己，藐视别的宝宝。家长还要教育宝宝心胸豁达，不斤斤计较，学会理解小伙伴，学会与小伙伴交流和沟通感情，增强与小伙伴团结共进的气氛。

正确解读宝宝的分离焦虑

宝宝自出生后就具有人类的一些基本情绪，如愉快、兴奋、紧张、痛苦、失望、焦虑、恐惧等。特别是6个月后，他们在心理上了解了两种与他们的社会化有重要联系的感情反应，即“分离性焦虑”和“认生阶段”。

婴幼儿的焦虑情绪除了因父母分离造成之外，还有些情景也同样会出现，但往往被大人们忽视。例如频繁换保姆或主要照顾人，经常变更宝宝的生活环境，严厉地训斥宝宝，

突然把爱转移到别的宝宝身上以及生病住院、打针吃药等均会引起婴幼儿不同程度的焦虑情绪。如果这种情绪持续存在，必然会给宝宝造成许多不良影响，会出现食欲下降、睡眠不安、情绪不稳、好发脾气等。

为了缓解宝宝分离焦虑感，平时照顾宝宝时应让其他家庭成员多参与，避免宝宝对某一个人过于依赖。如果必须要和宝宝暂时分开时，不要悄悄地、偷偷地走掉，在离开前与宝宝告别，让宝宝感到踏实。和宝宝分离期间，可以给宝宝一些熟悉的物件来帮助缓和宝宝紧张的情绪。

让宝宝走出自卑的阴影

所谓自卑，是指一个人过低地评价自己的能力、品质等，总觉得自己不如别人，从而悲观失望、丧失信心。自卑可以说是影响宝宝健康成长的负能量。如果家长发现宝宝有自卑的倾向，或明显表现出自卑，应有意引导，帮宝宝建立自信。

→ 运用积极的心理暗示。经常对宝宝说“你能行”“你可以”这类话。有时候即使是一个鼓励和肯定的眼神，也会给宝宝极大的信心。

→ 激励宝宝。有的宝宝可能在人际交往上显得自卑，但在学习或其他方面有自己的优势，家长可以适当引导，通过发挥宝宝某些特长来激励宝宝的自信。

玩弄生殖器其实很正常

专业人士认为学龄前儿童触摸、玩弄他们的生殖器是儿童发展的一个很自然的部分。事实上，许多宝宝甚至没有意识到他们是在以这种方式触摸他们的生殖器。反而是很多父母看到宝宝有玩弄生殖器的行为时，感到不安或尴尬。

宝宝玩弄生殖器是一种正当的行为，斥责或惩罚非但不能阻止这类行为的继续发生，还会严重挫伤宝宝的求知欲。因此，正确的态度应当是保持冷静，逐渐转移宝宝的注意力。当宝宝玩弄生殖器的时候，父母可以告诉他们，这是身体很重要的地方，不能随便碰，否则会滋生细菌，导致生病要去医院治疗。

当宝宝在玩弄生殖器的时候，家长也可以不动声色地拿一个玩具给他，或者其他能够吸引宝宝注意力的东西，也可以说带他们出去玩，或者拿些小零食给他。这些可以让宝宝忘记他玩弄生殖器的事情。久而久之，宝宝可能就不再触碰了。

酷爱电子产品，如何正确引导

宝宝由于年纪小，好奇心重，电子产品中不同的视觉、听觉刺激很容易让宝宝沉迷其中，尤其是当父母也长时间玩电子产品。尽管使用电子产品可以让宝宝更早学会新的东西，但对于年龄较小的宝宝来说，长时间使用电子产品带给宝宝的伤害更大。因此，父母应正确引导宝宝使用电子产品。

→ 父母应以身作则，在和宝宝玩耍时专心陪伴宝宝，不长时间玩手机。如果有空闲时间，带宝宝外出或做游戏。

→ 培养宝宝的兴趣爱好。当宝宝有自己喜欢的事情时，他对电子产品的兴趣也会减弱。

→ 与宝宝约定玩电子产品的时间，例如每天只能玩10分钟，之后不管宝宝如何哭闹，父母都不应妥协。同时，在宝宝玩电子产品时，应对宝宝玩的内容和姿势严格把关，不让宝宝接触低级趣味的东西。

正确应对因为“二孩”出现的过激行为

在二宝出生之前，大宝是家里的独生子女，从生下来就被“4+2”包围着，习惯了所有人以自己为中心。当父母告诉他即将有一个人来和他分享所有的东西，更多的宝宝表现的是不安、易怒、爱捣蛋，甚至行为倒退……

→ 对于二宝的到来，家长在介绍时要做到既不夸大好处，也不回避坏处，不轻易评判，以最真实的姿态面对大宝。

→ 父母应该允许并接纳宝宝的应激行为，也努力帮大宝化解这些负面情绪和调整不良的举动。

→ 不管大宝认不认可，父母都应该告诉他，“爸爸妈妈始终是爱你的，不会因为二宝而减少对你的爱。”

→ 在生活中也要多关注大宝，给予大宝更多的陪伴，帮助大宝建立安全感，并相信爸爸妈妈同样爱大宝。